FAO中文出版计划项目丛书

农作物与气候变化影响概况

——气候智慧型农业有助于建立更可持续、更有韧性和更加公平的粮食体系

联合国粮食及农业组织　编著

高战荣　等　译

中国农业出版社
联合国粮食及农业组织
2023·北京

引用要求：

粮农组织。2023。《农作物与气候变化影响概况——气候智慧型农业有助于建立更可持续、更有韧性和更加公平的粮食体系》。中国北京：中国农业出版社。https://doi.org/10.4060/cb8030zh

本信息产品中使用的名称和介绍的材料，并不意味着联合国粮食及农业组织（粮农组织）对任何国家、领地、城市、地区或其当局的法律或发展状况，或对其国界或边界的划分表示任何意见。提及具体的公司或厂商产品，无论是否含有专利，并不意味着这些公司或产品得到粮农组织的认可或推荐，优于未提及的其他类似公司或产品。

本信息产品中陈述的观点是作者的观点，不一定反映粮农组织的观点或政策。

ISBN 978-92-5-138298-1（粮农组织）
ISBN 978-7-109-31154-1（中国农业出版社）

©粮农组织，2022年（英文版）
©粮农组织，2023年（中文版）

保留部分权利。本作品根据署名-非商业性使用-相同方式共享3.0政府间组织许可（CC BY-NC-SA 3.0 IGO；https://creativecommons.org/licenses/by-nc-sa/3.0/igo/deed.zh-hans）公开。

根据该许可条款，本作品可被复制、再次传播和改编，以用于非商业目的，但必须恰当引用。使用本作品时不应暗示粮农组织认可任何具体的组织、产品或服务。不允许使用粮农组织标识。如对本作品进行改编，则必须获得相同或等效的知识共享许可。如翻译本作品，必须包含所要求的引用和下述免责声明："本译文并非由联合国粮食及农业组织（粮农组织）生成。粮农组织不对本译文的内容或准确性负责。原英文版本应为权威版本。"

除非另有规定，本许可下产生的争议，如无法友好解决，则按本许可第8条之规定，通过调解和仲裁解决。适用的调解规则为世界知识产权组织调解规则（https://www.wipo.int/amc/zh/mediation/rules），任何仲裁将遵循联合国国际贸易法委员会（贸法委）的仲裁规则进行。

第三方材料。欲再利用本作品中属于第三方的材料（如表格、图形或图片）的用户，需自行判断再利用是否需要许可，并自行向版权持有者申请许可。对任何第三方所有的材料侵权而导致的索赔风险完全由用户承担。

销售、权利和授权。粮农组织信息产品可在粮农组织网站（http://www.fao.org/publications/zh）获得，也可通过publications-sales@fao.org购买。商业性使用的申请应递交至www.fao.org/contact-us/licence-request。关于权利和授权的征询应递交至copyright@fao.org。

FAO中文出版计划项目丛书

指 导 委 员 会

主　任　隋鹏飞

副主任　倪洪兴　彭廷军　顾卫兵　童玉娥
　　　　李　波　苑　荣　刘爱芳

委　员　徐　明　王　静　曹海军　董茉莉
　　　　郭　粟　傅永东

iii

FAO中文出版计划项目丛书

译审委员会

主　任　顾卫兵

副主任　苑　荣　刘爱芳　徐　明　王　静　曹海军

编　委　宋雨星　魏　梁　张夕珺　李巧巧　宋　莉
　　　　闫保荣　刘海涛　赵　文　黄　波　赵　颖
　　　　郑　君　杨晓妍　穆　洁　张　曦　孔双阳
　　　　曾子心　徐璐铭　王宏磊

本书译审名单

翻　译　高战荣　张龙豹　韩　雪　赵天睿

审　校　高战荣　张龙豹　佟敏强　高晚晚　陈靖怡

ACKNOWLEDGEMENTS 致 谢

本书由 Heather Jacobs 编写，Heather Jacobs 是本书五份概况的主要作者和负责人。本书已在联合国粮食及农业组织（以下简称粮农组织）"气候智慧型农业全球联盟"（GCP/GLO/534/ITA）项目框架内发布，该项目由意大利生态转型部（MITE）资助，在粮农组织自然资源干事 Federica Matteoli 的协调下，由粮农组织气候变化、生物多样性及环境办公室（OCB）实施，由 Tiziana Pirelli 和 Julian Schnetzer 担任首席技术顾问。

首先，我们要感谢粮农组织植物生产及保护司（NSP）的同事，他们承担了各部分概况的编写工作，并提供了宝贵的专业知识，尤其感谢 NSP 的气候智慧型农业专家 Sandra Corsi；其次，感谢 Preetmoninder Lidder、Haekoo Kim 和 Makiko Taguchi 参与所有概况分述的撰写，感谢 Chikelu Mba、Fen Beed、Buyung Hadi、Sandra Corsi 参与水稻、玉米、豇豆和小麦概况的撰写，感谢 Melvin Medina、Navarro 和 Mayling Flores Rojas 参与咖啡概况的撰写，感谢 Teodardo Calles 参与豇豆概况的撰写，感谢 Wilson Hugo 参与小麦概况的撰写。此外，我们还要感谢 Josef Kienzle 和 Hafiz Muminjanov 对水稻、玉米和小麦概况所做的修订。

感谢 Gordon Ramsay（粮农组织）协助编辑和校对了本书的最终版本，感谢 Gherardo Vittoria 完成了本书的平面设计和排版。

我们也要感谢为本书各章节提供宝贵意见的外部同行评审：玉米章节，B. M. Prasanna（国际农业研究磋商组织）和 Jill Cairns（国际农业研究磋商组织）；小麦章节，Hans - Joachim Braun（国际农业研究磋商组织）、Matthew Reynolds（国际农业研究磋商组织）和 Tek Sapkota（国际农业研究磋商组织）；豇豆章节，B. B. Singh（国际热带农业研究所）、Christian Fatokun（国际农业研究磋商组织）和 Jeffrey Ehlers（比尔及梅琳达·盖茨基金会）；咖啡章节，Peter Laderach（国际农业研究磋商组织）和 Christian Bunn（国际农业研究磋商组织）；水稻章节：Yoichiro Kato（东京大学）。

我们最后感谢 Luigia Marro（粮农组织）为最终定稿所做的努力，以及 Carlotta Armeni（粮农组织）提供的行政支持。

CONTENTS | 目 录 |

附录

第1章
农作物与气候变化影响概况导论

气候智慧型农业有助于建立更可持续、更有韧性和更加公平的粮食体系

H. Jacobs和 T. Pirelli

1.1 引言

气候变化是当今时代面临的最大挑战之一。气温升高、降水模式变化和极端天气事件频发都对粮食体系构成了严重威胁。气候变化已经对粮食安全造成影响，预计会持续影响作物生产和农民生计，造成粮食价格上涨，并对营养供应、生物多样性及劳动生产率产生负面影响。气候条件的不断变化也给自然生态系统、土地和水资源造成更大的压力，导致土壤侵蚀、森林砍伐、水资源短缺、污染和土地全面退化。

全球性新冠疫情使得人与自然环境之间的相互依存关系变得愈发清晰。此次疫情是一场健康危机，但同时也暴露了社会与经济的严重失衡并使之雪上加霜，这也凸显了建立更强大、更可持续、更有韧性、更加公平的粮食体系的重要性，从而能更好地应对未来危机、自然灾害以及气候变化带来的多重不利影响。后疫情时代的种种恢复工作表明，许多常用的发展方式（特别是农业部门的发展方式）是不可持续的。"重建更好未来"创新计划有必要在所有领域得以实施。因此，农业领域迫切需要进行创新，以推动农业粮食体系转型，创造协同效应，加快实现一系列重要目标，如《巴黎协定》提出的国家自主贡献（NDCs）以及可持续发展目标（SDGs）等。

各国政府已认可农业生产在应对气候变化过程中的巨大作用。农业、林业和其他土地利用方式在人为温室气体排放量中占比约 20%（粮农组织，2021；政府间气候变化专门委员会，2019）。继 2015 年《巴黎协定》和《2030 年可持续发展议程》出台后，各国一直在加大力度减缓气候变化，纷纷制定了更远大的气候行动目标。农业也日益成为重要的行业，旨在用来实施相关政策，减缓和适应气候变化，实现气候目标。

农业可以将碳封存在地上生物质、地下生物质和土壤中，为应对气候变化提供了一条独特的途径。当前气候变化背景下，农民面临着越来越大的压力，亟须调整耕作方式，采用新技术来维持生产水平。相比传统耕作方式，农民采用可持续耕作方式则有利于减少温室气体排放，增加生物质和土壤中的碳固存量，从而在减缓气候变化方面发挥关键作用。

气候智慧型农业认可以下两者之间的关键协同效应，即减缓和适应气候变化与可持续农业生产，并提出了向更有韧性的农业粮食体系转型的方法。成功向气候智慧型农业转型和气候智慧型农业的具体实施需要一个有利的环境，包括：有效的制度计划、配套的基础设施、确保所有利益相关者参与的流程、促进性别平等的措施，以及增加小农户获得信贷、保险、推广和咨询服务的机制。气候智慧型农业的推广还需要强有力的政治承诺，能够为气候行动、粮食安全和农业发展等各方面的利益相关者提供必要的协调。同时应出台支持性政策措施，帮助小农户获得重要资金支持。上述所有措施需有效结合，为推广气候智慧型农业、实现粮食体系大规模转型奠定坚实基础。

本书旨在向政策制定者和其他利益相关者介绍适合特定作物的耕作方法，助力其向更可持续的农业生产转型，为减缓和适应气候变化带来实效。本书分别围绕咖啡、豇豆、玉米、水稻和小麦，介绍了各自的耕作方法，概述了向更可持续、更有韧性的农作物生产体系转型的具体做法，也强调了其对实现可持续发展目标的贡献。

1.2 气候智慧型农业实践对实现可持续发展目标的贡献

气候智慧型农业具有许多跨领域优势，有助于加快实现所有可持续发展目标（粮农组织，2019）。本书中介绍的特定气候智慧型农业实践展示了大多数农作物生产系统所共有的优势。这些农业实践涉及众多农业关键活动，特别是实现农作物种类多样化方面；提高养分和肥料的利用效率，最大限度地减少养分损失；开展水源有效管理；实施害虫综合治理（IPM）；发展保护性农业，包括一系列增加土壤固碳的做法（如作物生产多样化、减少耕作次数、用土壤表层覆盖物来保持土壤恒温）。本书介绍的气候智慧型农业措施围绕以下可持续发展目标：无贫穷（可持续发展目标 1）、性别平等（可持续发展目标 5）、清洁饮水和卫生设施（可持续发展目标 6）、体面工作和经济增长（可持续发展目标 8）、负责任消费和生产（可持续发展目标 12）、促进目标实现的伙伴关系（可持续发展目标 17）和海洋资源生物（可持续发展目标 14）。上述措施的实施需要深入了解当地生态系统及其组成部分，具备熟练运用特定方法和技术的能力，能够做到因地制宜。因此，推广气候智慧型农业需要开展实践培训，提高农村社区的技术性和职业性技能（可持续发展目标 4）。害虫综合治理（IPM）及提高养分和肥料的利用效率能够减少与空气、水和土壤污染相关的疾病，从而改善人类健康状况（可持续发展目标 3）。通过采用保护性农业措施减少燃料消耗可以节约能源并提高能效（可持续发展目标 7）。对目标 7 的另一个贡献是将废物和残茬转化为生物能源，这有助于确保人人都可获得负担得起的、可靠和可持续的现代能源。本书中介绍的气候智慧型农业措施对于实现特定的可持续发展目标及其具体目标起到了积极作用，详见附录。

• 多样化的耕作制度可以创造收入，改善小农户生计（具体目标 2.3）；帮助农民摆脱贫困（具体目标 1.1）；推动建立更可持续、更有韧性的粮食体系

（具体目标 2.4）；实现更高水平的经济生产力（具体目标 8.2）；改善农业
生态系统的碳固存，减少温室气体排放，提高资源利用效率，防止土壤侵
蚀和养分流失（具体目标 13.1）；提供多种效益并支持陆地生态系统的可
持续管理（如水稻生产系统的多样化，包括与其他谷物、一年生和多年生
豆类作物间作，以及水稻生产与水产养殖相结合）（具体目标 15.1）；促进
生物多样性保护（具体目标 15.5）。

- 农林复合经营是促进耕作制度多样化的一种潜在方法。除了前面提到的可
持续发展目标外，农林复合经营还可以减轻对天然林的压力，从而促进森
林可持续管理，遏制毁林（具体目标 15.2）。连同覆盖耕作，农林复合经
营不仅可以改善水土流失，调节水源，促进可持续水资源管理（可持续发
展目标 6），还有助于努力建立一个不再出现土地退化的世界（具体目标
15.3）。另外，农林复合经营能够保护和开发栖息地，有利于生物多样性的
发展（具体目标 15.5）。

- 将豆科植物引入作物轮作，与其他作物进行间作套种，或作为覆盖作物种
植，是实现耕作制度多样化的其他潜在选择。豆科植物根系中生长的小根
瘤能够将碳固定在土壤中，这一生物过程可以减少作物对外部氮肥的需求，
提高养分和肥料的利用效率，节约能源。

©Diego Delso

- 豇豆是一种豆科植物，若引入种植系统和日
常饮食可以增加人们营养食物的来源（具体
目标 2.1）；提高产量和收入，直接有助于实
现提高农业生产率和小规模粮食生产者收入
翻番的目标（具体目标 2.3）；提供有营养的
饲料，支持农作物和畜牧生产一体化，可以
为小农户带来更多收益（具体目标 2.3），并
有助于提高整体经济生产力（具体目标
8.2）；促进改善土壤肥力和养分管理，防止
侵蚀，推动建立更可持续和更有韧性的粮食
体系（具体目标 2.4）；有助于预防非传染性
疾病（具体目标 3.4）；创造体面的农村就业
机会（具体目标 8.5）。

- 提高养分和肥料的利用效率能够减少与空气、水和土壤污染相关的疾病，
有助于改善人类健康状况（具体目标 3.9）；减少陆地、淡水和海洋生态系
统中的营养盐污染，并增强生态系统服务（具体目标 6.3、具体目标 14.1、
具体目标 15.1）；通过氮的有效利用，有助于实现"改善全球消费和生产

的资源使用效率"这一整体经济目标（具体目标 8.4）；支持化学品在整个存在周期的无害化环境管理，减少其排入大气以及渗漏到水和土壤中的概率，从而最大限度地减少其对人类健康和环境的影响（具体目标 12.4）。

- 高效的灌溉技术和管理可以通过提高用水效率（具体目标 6.4），促进水资源的可持续管理（可持续发展目标 6），最终减缓气候变化及其影响（具体目标 13.1）。节水加工方法和废水处理也有助于确保水资源的可持续管理（可持续发展目标 6），提高用水效率（具体目标 6.4），改善水质（具体目标 6.3），促进可持续消费和生产模式的建立，特别是同时采取行动促进养成可持续消费决策和可持续生活方式（具体目标 12.8）；支持淡水生态系统的可持续管理（具体目标 15.1）。

- 采取保护性农业实践可以提高农业土壤的水分调节能力，有助于实现可持续发展目标 6 和具体目标 6.4。在保护性农业中，通过土壤免耕管理措施将对农业土壤的干扰降到最低，从而防止土壤退化（具体目标 15.3）。保护性农业也有助于使更多的人能够获得安全饮用水（具体目标 6.1）并提高水质（具体目标 6.3）。减少耕作次数有利于节约能源，有助于提高农业部门的能效（具体目标 7.3）。可持续机械化提供了诸多可能，如少耕和免耕。

- 可持续机械化有助于向发展中国家转让、传播和推广环境友好型技术（可持续发展目标 13）。

- 害虫综合治理（IPM）可以防止害虫损害农作物（具体目标 2.1）和降低小农户的生产力和收入（具体目标 2.3），直接和间接防止饥荒（具体目标 2.1）。害虫综合治理还能减少空气、水和土壤污染引起的疾病，从而有益于人类健康（具体目标 3.9）；通过农民田间学校的培训，可以帮助农民获得新的技术和职业技能（具体目标 4.4）；有助实现化学品在整个存在周期的无害化环境管理，减少它们排入大气以及渗漏到水和土壤中的概率，从而最大限度地减少对人类健康和环境的影响（具体目标 12.4）；强调尽量减少有害化学农药的使用，减少陆地活动对海洋的污染（具体目标 14.1）；有助于陆地和内陆淡水生态系统及其服务的可持续管理（具体目标 15.1）。

- 保护性农业、改良作物和品种的使用、有效的水源管理和害虫综合治理有助于减缓气候变化及其影响（具体目标 13.1）。

- 用替代管理方案取代焚烧作物残茬（例如，将其用作覆盖物、土壤改良剂、牲畜饲料或生物能源原料）有助于减少空气污染，从而有益于人类健康（具体目标 3.9）。增加耕作系统、作物残茬和副产品的价值也可以提高养分和肥料的利用效率，生产生物能源（具体目标 7.2），并为废物处理和减少废物提供可持续的选择（具体目标 12.5）。

- 利用全球定位系统支持的精准农业有助于向发展中国家转让、传播和推广环境友好型技术（具体目标 17.7）。
- 改善种子供应和分配可以使更多人有平等机会获得种子，并为体面的农村就业创造机会（具体目标 8.5）。这些目标可以通过以下行动实现：在植物育种中使用地方品种和作物野生近缘种，有助于保持栽培植物的遗传多样性（具体目标 2.5）；对农民进行种子育苗培训，并让他们参与研究活动，可以帮助农民获得新的技术和职业技能（具体目标 4.4）；建立性别平等的种子系统，让妇女参与进来，这可以增强妇女权能（具体目标 5.b）；加强正式和非正式种子系统之间的合作，以改善种子供应，这也有助于推动建立有效的公共、公私和民间社会伙伴关系（具体目标 17.17）。

气候变化威胁粮食安全和全人类福祉。未来十年，要实现《巴黎协定》中的气候目标，还需要付出很多努力。世界已经进入后疫情时代，也承受了无视科学建议的后果；重要的是从过往经验中吸取教训，趁现在还为时未晚，采取行动改变我们现有的粮食体系。对于那些需要实用信息和实践指导的人来说，本书提供的概况说明是一个不错的切入点。

1.3　参考文献

IPCC. 2019. Climate Change and Land：an IPCC special report on climate change, desertification, land degradation, sustainable land management, food security, and greenhouse gas fluxes in terrestrial ecosystems ［P. R. Shukla, J. Skea, E. Calvo Buendia, V. Masson - Delmotte, H. - O. Pörtner, D. C. Roberts, P. Zhai, R. Slade, S. Connors, R. van Diemen, M. Ferrat, E. Haughey, S. Luz, S. Neogi, M. Pathak, J. Petzold, J. Portugal Pereira, P. Vyas, E. Huntley, K. Kissick, M. Belkacemi, J. Malley, （eds.）].

FAO. 2019. Climate - smart agriculture and the Sustainable Development Goals：Mapping interlinkages, synergies and trade - offfs and guidelines for integrated implementation. Rome. （also available at www. fao. org/publications/card/en/c/CA6043EN/).

FAO. 2021. FAOSTAT . In：FAO ［online］. ［Cited 24 July 2020］. http：//faostat. fao. org.

第2章
可持续咖啡生产

生产系统适应气候条件变化并减少环境影响

H. Jacobs、M. M. Navarro、M. F. Rojas、M. Taguchi、P. Lidder 和H. Kim

©粮农组织/Isaac Kasamani

©粮农组织/Miguel Schincariol

2.1 引言

咖啡是热带地区交易范围最广的农产品之一，对维持小农户生计而言，是一种极为重要的农作物。气候变化和越来越难以预测的极端天气条件使得世界各地的咖啡种植都受到了威胁，影响了咖啡的产量、质量，造成价格波动。因此农民必须提高应对气候变化影响的能力，并解决咖啡种植导致的温室气体（GHG）排放问题。本章介绍了适应和减缓气候变化的方法，有助于向更可持续、更有韧性的咖啡生产系统转型；同时还强调了以上方法与《2030年可持续发展议程》中可持续发展目标之间的协同效应。为了确保农民能够了解并广泛采用此类气候智慧型农业耕作方法，强有力的政治承诺、配套的支持性机构和投资必不可少。这类方法的广泛采用将有利于提高咖啡产量，带来更稳定的收入，确保粮食安全，并有助于建立有韧性、可持续和（温室气体）低排放的粮食体系。

咖啡是一种多年生热带作物，（全球）种植面积约为1 100万公顷。其中阿拉比卡咖啡树（*Coffea arabica*）生长在较为凉爽的高原条件下，而罗布斯塔咖啡树（*Coffea canephora*）则生长在温暖的赤道气候条件下，从海平面到海拔2 000米均有种植（Bertrand等，2016）。阿拉比卡咖啡起源于埃塞俄比亚南部和苏丹，而罗布斯塔咖啡则源自中非和西非。随着时间的推移，咖啡种植遍布热带地区，如今更是遍布78个国家（Rising等，2016）。但只有阿拉比卡和罗布斯塔咖啡属于商业化种植。野生咖啡种属共有124种，其中60%的品种都因气候变化、病虫害增加和森林砍伐而濒临灭绝（Parker，2019）。阿拉比卡是中美洲、南美洲和东非的优势咖啡品种，品种繁多。阿拉比卡咖啡豆通常被认为能冲泡出杯测品质最好的咖啡（即口感最佳的咖啡）（世界咖啡研究会，2020）。

咖啡树需要3~4年才能结果，9~12年才能完全成熟。通常在气温下降后，并经过几轮降雨的刺激，咖啡树才能开花，且花期只持续3~4天。阿拉比卡咖啡果在花期过后6~8个月即可采摘，而罗布斯塔咖啡果则需要10~11个月（Rising等，2016）。

温度、降水、阳光直射、湿度、土壤和风力都会对咖啡树的生长造成影响，但影响程度因品种而异（Rising等，2016）。阿拉比卡咖啡种植要求年均温度为18~22℃。高温会加速咖啡果的发育，但往往会降低咖啡果的质量，霜冻和温度过低也会对咖啡果造成损害。

阿拉比卡的种植需要满足以下天气条件：
- 3 个月的干燥期（给咖啡树带来压力，刺激开花）；
- 一次充沛降水（创造开花契机）；
- 适宜的温度；
- 咖啡果发育阶段的定期降水；
- 收获前的干燥期（Fischersworring 等，2015）。

©粮农组织/Jeanette Van Acker

罗布斯塔咖啡树可耐高温（年均温度 22～30℃均可），也可承受更高的湿度和更多的光照，此外还需要较高的降水量。然而，近年来气候变化导致干旱频发且日益严重，因此也需要增加灌溉，以确保罗布斯塔咖啡树更能抵抗病虫害（Rising 等，2016）。

咖啡树生长的土壤通常要有良好的通风和排水条件，肥沃的火山土壤或深厚的沙质土壤最为理想。但咖啡树也可以在不同的土壤条件下得以生长（Pohlan，Janssens，2010）。

全球 2 500 万名咖啡生产者中，小农户数量占比约 70%（Stuart，2014）。2020—2021 年，阿拉比卡在全球咖啡产量中占比 58%，罗布斯塔占比 42%。巴西是最大的咖啡生产国（420 万吨），其次是越南（170 万吨），哥伦比亚、印度尼西亚、埃塞俄比亚和洪都拉斯的咖啡产量也比较大。其他国家咖啡产量占全球产量的 22%（美国农业部海外农业局，2021）（图 2-1）。

本书是《气候智慧型农业（CSA）资料手册》（粮农组织，2017）的配套指南，概述了气候变化情景下咖啡生产系统的最佳实践方法，旨在为政策制定者、研究人员和其他致力于可持续作物生产集约化的组织和个人提供参考。本

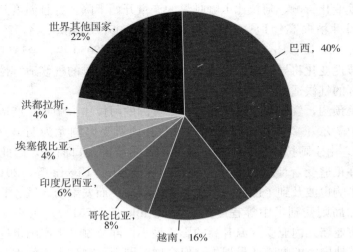

图 2-1　2020—2021 年各国咖啡产量占比（%）
资料来源：美国农业部海外农业局，2021。

书以通俗易懂的语言和案例，逐一介绍了可操作的干预措施，可用于提高或维持气候变化威胁下咖啡生产系统的生产力。本书介绍的可持续咖啡生产策略涉及气候智慧型农业的三大支柱：持续性提高农业生产力和收入，加强适应和抵御气候变化的能力，尽可能减少或避免温室气体排放。这些策略既可以使咖啡生产系统适应因气候条件变化而增加的生物和非生物胁迫，又可以减少温室气体排放。这份围绕咖啡而撰写的概况是气候智慧型农业系列作物概况之一。

2.2　气候变化对咖啡生产的影响及预测

通常情况下，高温不仅会降低咖啡果的质量，也会导致咖啡树的需水量大增。由于一些最为常见的咖啡病虫害会在高温条件下变得更加活跃，因此气候变化也可能增加病虫害带来的威胁。据预测，气候变化将增加洪水和长期干旱的风险，并改变降水模式、降水时间和降水量（政府间气候变化专门委员会，2014）。鉴于咖啡树的生长需要稳定的降水以及分明的雨季和旱季，因此气候变化已经开始影响咖啡生产，并且此种影响会持续到未来。

> 改善咖啡现有种植条件以适应气候变化至关重要，这有利于减缓气候变化对咖啡出口国（具体目标 8.2）和小规模咖啡生产者生计（具体目标 2.3）造成的严重不良经济影响。

受气候变化影响，阿拉比卡咖啡果的产量开始下降，并且温度升高已导致此类咖啡树种植向高纬地区转移（Gay 等，2006；Schroth 等，2009；Zullo 等，2011）。Ovalle - Rivera 等人（2015）预测，到 2050 年，全球气温上升和降水的季节性变化将导致低海拔地区种植阿拉比卡咖啡的气候适宜性降低，而高海拔地区的气候适宜性增加。

据相关预测，气候变化对墨西哥和中美洲的阿拉比卡咖啡生产造成的影响最大，其中萨尔瓦多共和国和尼加拉瓜共和国所受影响尤为明显（Läderach 等，2017）。由于阿拉比卡咖啡豆是这些国家重要的出口商品，因此这一区域的国家也许正遭受着严重的负面经济影响（Ovalle - Rivera 等，2015）。这种负面经济影响也波及到了巴西、印度和中南半岛；而安第斯区域、非洲南部和马达加斯加岛则受到了中等程度的影响（Zullo 等，2011）；东非（乌干达除外）和巴布亚新几内亚受气温升高的影响最小。部分咖啡生产国也许能够弥补同一地区其他国家的咖啡产量损失，但全球范围内，咖啡生产的重心也可能借此从受气候变化影响较大的地区转移到受影响较小的地区（Ovalle - Rivera 等，2015）。而全球咖啡生产重心的转移对受到气候影响的国家和农民来说可能带来灾难性的经济危机。

阿拉比卡咖啡种植向高海拔地区转移可能会给高海拔地区的森林和自然资源增加压力（Läderach 等，2017）。然而，并非高海拔地区的所有土地都能转化为咖啡农场，原因众多，其中包括土壤条件以及当地农民无种植咖啡的意愿（Ovalle - Rivera 等，2015）。

虽然罗布斯塔咖啡树比阿拉比卡咖啡树更加耐高温，但此种咖啡能否在商品市场上成为后者的合适替代品尚不清楚（Bunn 等，2015）。随着气温升高，咖啡种植也将被迫转移到海拔更高的地区（Schroth 等，2009）。在温度升高 2～2.5℃ 的情况下，中美洲和肯尼亚咖啡树种植的最低海拔预计将升高约 400 米（Dasgupta 等，2014）。

哥伦比亚大学 2016 年发布的一份报告（Rising 等，2016）中预测，多达 20 个国家可能会失去所有适合咖啡种植的天然土地，其中全球范围内适宜阿拉比卡咖啡豆生长的土地面积将减少 56%，而适宜罗布斯塔咖啡豆生长的土地面积将增加 87%。当前，咖啡种植带（即北回归线和南回归线之间的陆地区域）的气温已经每 10 年上升 0.16℃，预计到 2050 年将上升 1.7～2.5℃，与此同时降水量预计将增加 1.7%。然而，干燥期可能会变得更加干燥。过度炎热的天气往往会造成咖啡果产量的大幅下降。例如，在巴西，超过 38℃ 的高温天气会导致咖啡果产量暴跌，而其他国家在温度达到 33℃ 时咖啡果产量也会蒙受损失（Rising 等，2016）。

到 2050 年，现有种植区的咖啡平均产量预计将减少 20%，当然各国之间咖啡产量的下降幅度存在很大差异。据麦肯锡全球研究所（2020）称，埃塞俄比亚在某些特定年份，其咖啡产量可能会下降 25％ 或更多，但目前其产量下降幅度为 3％，预计到 2030 年其产量会下降 4％。政府间气候变化专门委员会（IPCC）在分析气候变化对非洲和美洲咖啡种植的潜在影响时预测，到 2050 年气温和降雨的波动会使中美洲的咖啡种植面积减少 38％～89％，并将咖啡生产的最低海拔高度从大约 600 米提高到 1 000 米（Dasgupta 等，2014）。IPCC 的科学家还预测，哥斯达黎加、萨尔瓦多、危地马拉、洪都拉斯、墨西哥和尼加拉瓜的咖啡种植面积将会减少。他们还预测了巴西国内的各种变化情况。例如，在米纳斯吉拉斯州和圣保罗州，可种植咖啡的土地面积（目前占两州总土地面积的 70％～75％）可能会减少到仅剩 20％～25％；在巴拉那州，适合种植咖啡的土地面积可能减少 10％；在戈亚斯州，据科学家预测，该州所有土地都将无法再种植咖啡。虽然适合咖啡种植的新区域已经找到，但其面积不足弥补其他地区消失的咖啡种植面积（Dasgupta 等，2014；Rising 等，2016）。

©粮农组织/Florita Botts

并非气候变化造成的所有影响都会损害咖啡的种植。霜冻是当前咖啡农场中面临的又一大威胁，某些地区的最低气温由于过低，存在霜冻的风险，此时气温升高会减少霜冻的风险，从而为咖啡种植带来益处。同时距赤道较远的地区也能开辟出更多适宜种植咖啡的耕地。当前，适合阿拉比卡咖啡树生长的新增区域大多位于巴西、墨西哥和安哥拉（Rising 等，2016）。

厄尔尼诺和拉尼娜周期，即厄尔尼诺南方涛动（ENSO），是咖啡种植的一大潜在威胁，通常会导致热带大部分地区发生天气变化。这一周期为 10 年的天气现象可能是破坏性的，并且在未来可能变得更糟。最近一次影响较大的

1997—1998 年厄尔尼诺现象中，热带地区经历了严重的干旱和洪涝，导致整个热带地区作物歉收（Hsiang，Meng，2015）。然而，厄尔尼诺南方涛动现象往往比普通天气事件更易预测和制定应对方案。厄尔尼诺南方涛动现象可以提前几个月预测，这意味着可以提前防范，同样地，常规天气事件也可以提前防范（Rising 等，2016）。

咖啡生产受气候变化的影响

除了受到气候变化的影响外，咖啡生产也会导致温室气体排放。在咖啡生产系统中，温室气体排放的主要来源如下：一是将天然林转变为咖啡种植园以及将遮阴种植生产系统转变为全日照系统造成的森林砍伐；二是采用湿法加工技术进行全水洗咖啡，这一工艺会释放甲烷；三是肥料和杀虫剂的使用导致非二氧化碳温室气体（例如一氧化二氮）的排放。上述影响及其缓解方法将在本章第 3 节中进一步讨论。

2.3　适应气候变化的方法

气温升高、降水规律的改变、咖啡害虫分布模式的变化以及日益频发和愈发极端的天气事件等，都是气候变化过程中农民要面临的挑战。咖啡种植系统需要增强对这些气象灾害的抵御能力，同时种植咖啡的农民（简称"咖农"）也需要增强自身对气候变化的适应能力。这一领域的进展将有助于实现可持续发展目标 13（气候行动），特别是具体目标 13.1。实现这些目标的主要方法包括发展保护性农业、采用改良的作物和品种、开展水源有效管理和实施害虫综合治理（IPM）。配套的政策和相关立法将有助于推动农民采用上述气候智慧型农业做法。推广（育苗）服务、提供机构支持对于改善苗圃咖啡育苗至关重要。还需要让农民更容易获得改良咖啡品种的种子和与之相关的信息，并鼓励小农户接受杂交咖啡品种，增加这些杂交品种的可及性，从而确保更多的小规模咖啡生产者能够从中受益。

联合国粮农组织（FAO）与相关国家开展合作，致力于减少气候变化对农作物生产的不利影响以及农作物生产系统对气候变化的影响（插文 1）。根据咖啡种植的经验教训，粮农组织（2019）提出了适应和减缓气候变化的四步法：

1）评估气候风险；

2）优先考虑农民需求；

3）确定农事方案；

4）推广成功干预措施。

图 2-2　"节约与增长"模式

资料来源：粮农组织，2019。

在"节约与增长"模式中，粮农组织依靠第三步来实现可持续的作物生产集约化。"节约与增长"模式涵盖了一系列做法，如发展保护性农业、采用改良的作物和品种、开展有效的水源管理和实施害虫综合治理（IPM）（图 2-2）。本节详细介绍了这些做法在咖啡生产系统中的应用。

咖啡树是多年生作物，相比一年生作物或许对气候冲击有更强的抵御能力。然而，咖啡树需要数年时间才能成熟，因此农民很难进行年际调整，如改变咖啡品种或转换种植其他作物（Läderach 等，2017；Tucker 等，2010）。由于等待收获的时间比较长，农民也很难投入资金改进种植方法和技术。不断变化的气候条件给咖啡产量、质量和市场价格带来了不确定性，因此，对于许多小农户来说，采用气候智慧型农业实践种植咖啡也是一种挑战。

> ⊙ **插文 1　四级适应法**
>
> 　　据预测，随着尼加拉瓜气温升高，阿拉比卡咖啡种植的海拔会发生变化。基于这一预测，Läderach（2017）等人提出了具体的适应性建议。国际

农业研究磋商组织（CGIAR）的研究项目"气候变化与农业和粮食安全研究计划（CCAFS）"携手"未来粮食保障行动计划"（Feed the Future）及美国农业部（USDA），共同为中美洲和东非等特定地区制定了关于气候智慧型咖啡种植的政策说明，并提出了"四级适应法"。

- 渐进式适应适用于气候条件最有可能适宜咖啡种植的地区（通常是中高海拔地区，在进行较小或较大的适应性调整后，咖啡可以继续在这些地区种植）。渐进式适应包括改进策略、改变耕作方法以及农民在不同条件下为实现当前种植目标而采取的各种行动，如更换种植品种、改变管理方法、遮阴和灌溉。渐进式适应法通常短时期内用于低海拔地区。

- 系统性适应适用于气候条件最有可能适宜咖啡种植但面临巨大压力的区域。该方法涉及全面改变耕作方法及相应改变种植策略。例如，增加或改变灌溉系统，或用高产的遮阴树来实现多样化。

- 转型性适应适用于气候条件很可能无法满足咖啡种植的地区，这就需要从根本上改变种植目标（Stafford 等，2011），包括可能重新考虑谋生方式、饮食结构以及农业和粮食体系的地理布局（Kates 等，2012；Rickards，Howden，2012），并需要采用各种行动，如在低海拔地区用罗布斯塔咖啡或可可取代阿拉比卡咖啡。

- （新的种植）机遇（或种植得到推广），即第四级适应，指在原本不适宜种植咖啡的区域，咖啡成为农民新的种植选择，此类适应最有可能发生在气候带来积极变化的高海拔地区。

资料来源：Bunn 等，2019；Smith 等，2011。

2.3.1　农林复合经营和作物生产多样化

行动措施

农林复合经营实践在许多方面有利于咖啡种植，可以为咖啡的生长创造微气候，并带来生态和社会经济效益（Vaast 等，2016）。例如，遮阴树为咖啡作物提供了有利的微气候。农林业还有助于维持物种间的联系，并使现有自然资源得到更可持续的利用。农林业使农民的收入来源多样化，创造社会经济效益。农林业还增强了咖啡种植系统的韧性，降低了气候变化带来的风险（Martins 等，2017）。

咖啡生产系统的多样化，如开展农林复合经营和作物间作，可以带来多重益处。多样化有助于建立更可持续、更有韧性的粮食体系（具体目标2.4），支持陆地生态系统的可持续管理（具体目标15.1），以及保护生物多样性（具体目标 15.5）。生产多样化也是实现更高水平经济生产力的一种策略（具体目标 8.2），并为小农户创造收入机会（具体目标 2.3）。

以下是咖啡农林生产系统的重要组成部分：

- **促进作物种植多样化。** 如前所述，一些咖啡产区预计将不再适合种植咖啡，这使得作物种植多样化的需求变得更加迫切。间作或种植果树（如种植香蕉、澳洲坚果、木瓜、椰子、芒果、鳄梨、木菠萝等）可以增加生物多样性，改善微气候条件，减轻咖啡作物的环境压力（Vaast 等，2016）。覆盖作物（最好是能够供给氮元素和保护土壤的豆科植物）可以在咖啡树的垄间种植。作物管理不当（即覆盖作物长势过于旺盛）会导致咖啡作物和覆盖作物之间争夺土壤水分和养分，并使掉落的咖啡果难以被收获（咖啡与气候倡议，2021）。

- **种植遮阴树。** 遮阴种植咖啡是一种常见的做法。遮阴树通过缓和周围空气温度的波动，减少白天辐射到咖啡树的热量，从而创造了有利的微气候。夜间，遮阴树可保护植物免受夜间低温的影响。遮阴树还可以保护咖啡树免遭大风和冰雹的损害。此外，遮阴树的落叶层还为土壤添加有机物。这些落叶层还有助于保护水土，通过减缓雨水冲刷地面的强度来最大限度地减少土壤侵蚀，并降低土壤和植物的蒸发蒸腾作用。很多遮阴树的根系很深，也有助于水流渗入土壤内层，减少水分流失。遮阴树还为害虫的天敌提供了栖息地，有助于通过生物控制抵御虫害（Alemu，2015）。

- **选择适合咖啡生长的遮阴树种。** 理想的遮阴树通常具备以下特点：有着很深的根系，可以增强对强风的抵御能力；属于豆科植物，可以将大气中的氮固定在土壤中；抗风性强，通常具有高大和枝叶蔓延的生长习性。咖啡种植园中常见的遮阴树包括：白合欢、银合欢、非洲堇、银桦、橙树、埃及田菁、花桐木、红椿、毗黎勒、木菠萝、硬毛面包果树、秋枫、翅果刺桐、合欢树和榕树。在许多情况下，首选生长较快的树种来提供所需的遮阴。甘杜尔（木豆）可以作为快速生长的树种来栽种，6 个月内即可提供遮阴（Ssebunya，2011；Parker，2019）。

- **收入来源多样化。** 遮阴树可以收获食用果实、木材和木柴，带来收益。咖啡农民可以通过农林活动（译者注：在种植咖啡的同时栽种遮阴树）获得额外的收入，同时也为保护生态系统做出贡献，特别是保护鸟类（Parker，2019）。如果气候变化对咖啡生产系统造成中高度影响，应采取"转型性适应"行动时，那么收入来源多样化就应纳入这一行动措施中。

> **→ 插文2　咖啡农林多层系统的种植建议**
>
> 这类系统应混种不同高度的作物，形成多层系统。
>
> **上层（遮阴）**：遮荫树可以保护作物免受过多阳光直射，增加湿度，并有助于防止土壤侵蚀，从而创造最佳微气候。
>
> **中层**：可以种植果树（如香蕉或柑橘），但要保持较宽间距，因为咖啡作物也生长在这一层。豆科植物，如异叶银合欢（*Leucaena diversifolia*）、株樱花（*Calliandra calothyrsus*）、田菁（*Sesbania sesban*）和南洋樱（*Gliricidia sepium*）等，可以在田间或沿田边种植。
>
> **底层**：这一层应种植一年生作物，在培育早期可与咖啡树间作；也可以种植豆科地被植物，如洋刀豆、扁豆或天鹅绒豆（又称刺毛黧豆）；还可以种植其他多年生非攀缘植物。上述所有植物都应定期修剪。
>
> 资料来源：Ssebunya，2011。

　　咖啡种植园的农林复合经营和覆盖耕作有助于保护土壤免遭侵蚀和调节水源，还有助于努力建立一个不再出现土地退化的世界（具体目标15.3），并有助于水资源的可持续管理（可持续发展目标6）。

　　覆盖耕作在东非、中非、中美洲和南美洲是一种常见农耕实践。覆盖物可以控制土壤侵蚀，降低土壤温度，保持土壤水分，补充有机物，保护土壤表面免受雨水冲刷，并抑制杂草生长。在全日照种植咖啡的干燥地区，覆盖耕作通常是最重要的耕作方法。通常使用纳皮尔草、几内亚草、危地马拉草、咖啡果肉、咖啡壳、高粱秸秆、玉米秸秆和其他作物残茬进行覆盖，但需要在覆盖前将其烘干。覆盖耕作可以在雨季开始前或雨季结束前进行，取决于降水量和所使用的方法（Tummakate，1999）。

　　臂形草（*Brachiaria*）如果作为一种覆盖作物来种植，可能会为某些咖啡种植系统带来益处，因为臂形草可以降低遮阴较少区域的土壤温度。臂形草有着强健的根系，可以穿透紧实的土壤，增加水分渗透，并在根系分解时增加土壤有机质。臂形草还可以防止水土流失，其插枝可用于保护咖啡根系生长处的土壤（咖啡与气候倡议，2021）。

2.3.2　咖啡品种改良与新品种

　　面对气候变化，为增强生物胁迫抗性和非生物胁迫抗性，培育咖啡改良品种非常重要。很多情况下，不需要牺牲咖啡的产量和质量也可以做到这一点。

然而就提高小农户咖啡新品种和改良品种的获得性和可及性层面，仍有许多挑战有待克服。

行动措施

选种符合当地自然条件的咖啡品种是一种重要的适应性做法。这一简单建议强调了根据当地生态、社会经济和气候条件，种植合适品种（如抗旱、抗热、抗寒、抗病、抗线虫品种）的重要性。

选用 F1（第一代）杂交种。杂交种是两个基因不同的亲本杂交的后代。F1 杂交种是通过杂交基因不同的亲本并结合两个亲本的最佳性状而产生的一组栽培品种。理想的杂交种性状包括高产潜力、咖啡杯测品质、环境压力适应性和抗病性。研究表明，杂交种对咖啡叶锈病的抵抗力更强。F1 杂交咖啡种的产量往往比非杂交咖啡种高得多，而且还可以在种植的第 2 年就能结出咖啡果，而传统品种通常需要 3 年才能结果（Perfect Daily Grind，2020；世界咖啡研究会，2020）。

在植物育种中使用地方品种和作物野生近缘种有助于维持栽培植物的遗传多样性（具体目标 2.5）。

将阿拉比卡接穗嫁接到罗布斯塔砧木上。罗布斯塔品种比阿拉比卡品种的根系扎得更深更远。将阿拉比卡接穗嫁接到罗布斯塔砧木上，可以增强咖啡树的抗旱能力。而且罗布斯塔砧木也具有抗线虫性，因此这种做法也适用于咖啡树易受线虫侵害的地区（咖啡与气候倡议，2021）。

改善苗圃育苗实践，使更多农民获得改良的咖啡种子和咖啡植株。在埃塞俄比亚，许多农民仍在种植本土咖啡品种，其产量要低于改良品种。Tadesse 等（2020）指出，与其他作物不同，目前尚无公共机构或私营部门负责咖啡种子的生产和销售，也没有出台国家咖啡种子标准或认证机制。世界咖啡研究会公布（World Coffee Research，WCR）的几项国别研究报告称，由小型和非正式苗圃培育的咖啡植株有一半以上在移植到田间之前或移植之后不久便死亡。由于苗圃存在的问题，改良咖啡品种从未到达过农民手中。世界咖啡研究会支持咖啡种子行业的发展（插文 3）。苗圃发展计划（Nursery Development Programme）通过提高小型苗圃为小农户培育健康幼苗的能力，确保咖啡种子行业的发展能惠及小农户（世界咖啡研究会，2019）。

增加改良咖啡品种的信息获取渠道。农民往往缺乏对改良品种的了解，获取相关信息的途径也有限。乌干达的一项研究表明，尽管存在可用的咖啡改良品种，但 30% 的农民对这些品种的信息知之甚少，甚至一无所知（Mukadasi，2019；Tadesse 等，2020）。世界咖啡研究会借助其"全球咖啡监测计划"（GCMP），正在进行由农民主导的试验，通过将不同咖啡品种与气候智慧型农艺实践（这种实践可为农民带来最高回报）相结合来生成数据。全球咖啡监测计划是一项关于农场盈利能力驱动因素的全球研究，旨在改变咖啡种植方式，促进咖啡种植的经济可持续性。试验地点位于农民的田间地头，由农民自己管理，并由合作的供应链农学家提供支持。

> ⟳ **插文 3　农林系统咖啡育种计划**
>
> 　　法国农业国际合作研究发展中心（CIRAD）是致力于热带和地中海地区可持续发展的法国农业研究与合作组织。自 2017 年以来，该中心一直在协调"农林系统咖啡育种（BREEDCAFS）地平线 2020 计划"。20 世纪 90年代初，CIRAD 开始与热带农业研究和高等教育中心（CATIE）、咖啡工业技术发展和现代化区域合作计划（PROMECAFE）及（瑞士）伊卡姆农工商有限公司（ECOM Agroindustrial Corporation）合作，共同挑选了 F1阿拉比卡杂交品种。这项合作推动了高性能杂交品种的传播，如星玛雅（Starmaya）、H1-中美洲（H1-Centroamericano）、H3 和木薯（Cassiopeia）。一些传统咖啡品种不适合遮阴种植，因此"农林系统咖啡育种计划"采用新的育种策略，培育出适应农林系统、气候变化适应性更强的咖啡品种。在欧盟的资助下，农林系统咖啡育种项目选择新的遮阴杂交品种，以最大限度地使咖啡生产适应遮阴条件。F1 杂交种在全日照和遮阴条件下都十分高产，平均产量比在这两种条件下栽培的传统品种高出 40%。"农林系统咖啡育种计划"的各合作方正在喀麦隆、哥斯达黎加、尼加拉瓜和越南测试杂交种，以确定它们如何适应不同的天气条件、土壤类型和管理制度。环境压力导致一些国家的咖啡产量开始下降，而 F1 杂交种可以使其产量得到提升。
>
> 　　农民及咖啡行业目前难以获得并接受这些杂交品种，因此，杂交品种的推广困难重重。一般来说，由于咖啡育种繁殖技术的生产和经营成本较高，因此相比小规模咖啡生产者，大中规模咖啡生产者从技术革新中受益更多。
>
> 　　资料来源：农林系统咖啡育种，2020；Perfect Daily Grind，2020。

2.3.3　有效的水源管理

　　一般来说，咖啡生长所需的年降水量在 1 500～3 000 毫米（Mutua，2000）。生长在全年降水区和生长在旱雨季分明地区的咖啡，其对降水量的需求也有所不同（Rising 等，2016）。阿拉比卡咖啡品种所需的最佳年降水量为1 200～1 800 毫米（Alègre，1959）。罗布斯塔品种也需要类似的降水量，但比阿拉比卡更能适应超过 2 000 毫米的强降雨（Coste，1992）。这两个品种都需要一个短暂的干燥期来刺激咖啡树开花。同时，咖啡果在生长期间必须得到充足的雨水滋润才能确保高产。过量降水（年降水量超过 3 000 毫米）不仅会损害咖啡树的生长，侵蚀土壤，还会诱发病虫害（Wrigley，1988；Abberton 等，2016）。积水也会损害咖啡树，因此排水良好的山坡是栽种咖啡树的首选。

咖啡果有不同的加工方法。普遍认为湿法加工生产的咖啡质量更佳，在国内和国际市场上售价也更高。然而，湿法加工从制浆到发酵的每个步骤中都需使用大量的水，而且还需要借助设备在咖啡果采摘后将果皮（和果肉）从果实上剥离下来（Perfect Daily Grind，2017）。湿法加工会释放甲烷，造成水污染，并产生废弃副产品。咖啡果中的糖分最终会在水中发酵并生成乙酸。湿法加工排出的废水最后通常会返流至当地的供水系统，并造成威胁。

干法加工，也称自然加工或生态加工，几乎不需要设备，但需要密集的体力劳动。这种方法是指在咖啡果收获后，不去除果皮和果肉，而将整个咖啡果直接晒干。此种工艺特别适用于气候炎热和缺水的地区，但在雨水较多和湿度较高的地区却并不宜采用。

行动措施

高密度咖啡种植园采用滴灌进行水源管理。水源管理对咖啡树的生长发育至关重要。在植物发育期（即发芽和开花之间），土壤水分不足是影响咖啡产量的主要因素。在高密度咖啡种植系统中，采用滴灌系统施肥（即灌溉施肥），可以将氮肥和钾肥的使用量减少 30%（Sobreira 等，2011）。咖啡树开花时间因降水分布、旱季的严重程度及土壤类型和深度而异。灌溉效益需要根据咖啡的产量和经济回报进行评估（Carr，2001），还需开展进一步研究，用以协助做好规划和更有效地利用各类灌溉系统（喷灌、微喷或滴灌），并根据种植区的地理条件和降水模式生产出量稳质优的咖啡。

　　可以利用各种节水措施和灌溉技术来实现咖啡种植系统中水源的高效管理，这有助于确保水资源的可持续管理（可持续发展目标 6），特别是有助于提高用水效率（具体目标 6.4）。

栽种遮阴树用于水源管理。遮阴树根系很深，能促进雨水的深层渗透（Alemu，2015）。遮阴种植园可以调节温度，并通过自身的蒸发和蒸腾作用使土壤水分损失降到最低，从而减轻干旱带来的影响。遮阴种植园有更多的有机物，在干旱时期可以长时间保持水分（Martins 等，2017）。遮阴树还可以减缓雨水对地面的冲刷强度，有助于降低降水和侵蚀对土壤的影响。

种植防风林、防护林。热风可以加速蒸发和蒸腾作用，造成降水和灌溉需求的增加。在强风盛行的地区，防风林和防护林可提供天然的屏障保护。

咖啡树种植密度。作物栽种密度高可以形成一个缓冲的微气候，从而减少土壤水分蒸发，保持水分稳定（DaMatta 和 Rena，2002；De Jesus Junior 等，2012）。在缺水和降水波动明显的地区，建议增加咖啡树的种植数量。

种植覆盖作物或将覆盖作物与栽种遮阴树相结合，也是有效的节水技术。覆盖作物（2.1 节）有助于减缓雨水径流的流速（Ssebunya，2011）。

在土壤中施用石膏。在某些类型的土壤（氧化土、高酸性土壤或含铝量高的土壤）中，施用石膏（硫酸钙）或石灰石（氧化钙、碳酸钙）可以提高土壤的pH，增加养分供应，促使咖啡树根深入土壤，能够在旱季和长期干旱时获得更多的水分。石膏比石灰石更易溶解，可以渗透到更深的土壤层中；石膏还含有钙，可以促进土壤团聚体的形成，防止土壤板结，并让空气、水和营养物质渗透得更深。然而，高钙可能会干扰其他离子的吸收。因此，从长远来看，这类做法可能并没有好处，农民也需要借助所在区域专家的指导才能受益（咖啡与气候倡议，2021）。

减少加工咖啡果的用水量。采用晾晒或自然/生态咖啡果加工方法，而非采用全水洗工艺，可以节约用水，减少甲烷排放量和废水排放造成的污染。值得注意的是，消费者的喜好和市场需求在很大程度上影响着农民的咖啡果加工方法。如果消费者不愿意购买干法加工的咖啡果，则无法改变湿法加工方法。因此，重要的是要让消费者了解水洗咖啡果带来的相关问题，如增大用水需求以及造成其他影响等。

在某些情况下，废水也可以被净化。2015 年，哥伦比亚国家咖啡研究中心（Cenicafe）研发了一种厌氧处理方法，即使用植物性生物过滤器（sistema modular de tratamiento anaerobio）来处理可在发酵后再利用的废水（Perfect Daily Grind，2017）。哥伦比亚国家咖啡研究中心还设计了一种去除咖啡豆黏液的机器——贝可苏布（Becolsub）。该机器不用添加水，也能使咖啡豆与自然发酵的咖啡豆保持相同的品质。传统上，黏液的去除需要借助发酵过程，黏液需要 14～18 个小时的发酵才能降解，然后才可用水轻松去除。贝可苏布还装有一个流体力学装置，可以去除浮起的咖啡果、微小杂质以及硬颗粒物，并借助一个圆柱形筛网去除打浆机中未分离的带皮果实（Gmünder 等，2020）。

咖啡果的节水加工方法和废水处理有助于确保可持续管理水资源（可持续发展目标6），特别是改善水质（具体目标6.3）。这些做法还支持淡水生态系统的可持续管理（具体目标15.1），同时也不会直接改变咖啡果的质量；但对此缺乏认识会降低消费者的接受度。因此，还需要同时采取行动，鼓励消费者向可持续消费决策和生活方式转变（具体目标12.8）。

2.3.4 害虫综合治理（IPM）

气候变化预计会导致病虫害更加频发，或改变病虫害暴发的性质。如前所述，气候变化预测会迫使咖啡的最佳生长条件向高纬地区和高海拔地区转移，并且很可能还会扩大咖啡果小蠹（Coffee berry borer beetle，CBB）等虫害所在的海拔范围（Groenen，2018）。气温升高还可能导致更大规模爆发咖啡锈病（Coffee rust），而咖啡锈病也会受到空气湿度变化的影响（Rising 等，2016）。在非洲，气温升高导致咖啡浆果螟和咖啡白螟（coffee white stem borer，CWSB）的数量激增（Jaramillo 等，2011；Kutywayo 等，2013）。潮湿的气候条件更易诱发细菌性枯萎病和咖啡叶锈病，因此未来气候变化条件下的降水量将影响这些疾病的传播方式（Groenen，2018）。

害虫

咖啡浆果螟（*Hypothenemus hampei*）被冠以全球咖啡生产最为严重的生物威胁（Jaramillo 等，2013）。雌性成虫会在咖啡浆果上钻洞产卵。卵孵化后，幼虫以浆果内的咖啡种子为食。这种害虫已经蔓延到大多数咖啡产区，并在温暖的气候条件下迅速繁殖（Scott，2015）。

其他害虫包括白螟（*Monochamus leuconotus*）、潜叶虫（*Leucoptera*）、各种介壳虫和粉虱（国际农业和生物科学中心，2019）。

线虫

线虫是存在于几个咖啡生产国的寄生虫，特别是巴西和越南（Campos and Villain，2005）。根结线虫属（*Meloidogyne*）和短体线虫属（*Pratylenchus*）的线虫会降解咖啡树的根系，导致其吸收水分和养分的能力降低，从而使咖啡树更容易受到水分胁迫。受气候变化影响，土壤温度升高会缩短线虫的生命周期。

杂草

杂草会抑制咖啡幼苗的生长，导致土壤变得干燥，降低咖啡产量，并加快传播致病生物和害虫。常见的杂草包括莎草（*Cyperus*）、藿香（*Ageratum*）、竹叶菜（*Commelina benghalensis*）、假酸浆（*Nicandra*）和楜楜米草（*Digitaria abbysinica*）（Greenlife Crop Protection Africa，2021；Tadesse 等，2020）。

病害

咖啡叶锈病（Coffee leaf rust）是由咖啡驼孢锈菌（*Hemileia vastatrix*）引起的，会造成咖啡树落叶和咖啡产量下降。2011—2013 年，从哥伦比亚到墨西哥，咖啡叶锈病席卷了中美洲，影响了该地区一半以上的咖啡种植园，导致咖啡产量损失超 15%（Scott，2015）。这种流行病与湿度增加和气温上升有关（Plant Village，2021）。

咖啡浆果病（coffee berry disease）是由咖啡浆果炭疽病菌（*Colletotri-chum kahawae*）引起，诱发阿拉比卡青咖啡果（未成熟的咖啡果）发生病变，随之蔓延覆盖整个咖啡果，导致产量损失 20%～30%（Ssebunya, 2011）。

咖啡枯萎病（*Gibberella xylarioides*）是一种维管束疾病，也被称为镰刀菌枯萎病（fusarium wilt）或气管菌病（tracheomycosis），对阿拉比卡、罗布斯塔和野生咖啡品种均具有极大的破坏性。染病后咖啡树叶片会变黄并向内卷曲，然后整体脱落。此疾病通过两种介质传播：一是被污染的工具；二是被感染植物污染的土壤（Ssebunya, 2011）。

行动措施

害虫综合治理（IPM）是一种针对作物生产和作物保护的生态系统方法，也是为了应对农药的大范围滥用。在开展 IPM 时，农民选择基于实地观察的自然方法来管理害虫。这些方法包括生物防治（即借助害虫天敌）、选种抗虫性品种、改变栖息地和改进栽培方式（即从种植环境中去除或引入某些元素以降低环境对害虫的适宜性）。而理性、安全地喷洒经严格筛选的农药应作为兜底方式（粮农组织，2016）。IPM 充分利用自然害虫管理机制来维持害虫与其天敌之间的平衡。非化学方法包括选种抗性品种、操控农田周围的栖息地，为害虫的天敌提供额外的食物和庇护所（Wyckhuys 等，2013）。在虫害发生的初期，做到准确定位和识别病虫害十分重要。需要对农民开展额外培训，帮助农民掌握病虫害的正确取样、追踪和监测，这也是减少农民对化学农药需求的必要行动。

害虫综合治理（IPM）强调尽量减少有害化学农药的使用，助力陆地生态系统的可持续管理（具体目标 15.1），并减少陆地活动对海洋的污染（具体目标 14.1）。

IPM 的成功实施可以防止严重破坏咖啡作物并损害小农生产力和收入的虫害（具体目标 2.3）。

IPM 有助于化学品在整个存在周期的无害化环境管理，减少其排入大气以及渗漏到水和土壤中的概率，从而最大限度地减少其对人类健康和环境的影响（具体目标 12.4）。

通过减少与空气、水和土壤污染相关的疾病，IPM 还可以对人类健康产生有益影响（具体目标 3.9）。

遮阴可以成为管理病虫害的方式。遮阴是一种有效的生物管理方式，可以控制病虫害（例如咖啡白蟻和叶锈病）。开阔地带为白色蟻虫向附近植物的传播提供了有利条件，而温度变低[①]证明会抑制蟓虫的活动。此外，遮阴树还为各种捕食性鸟类和白茎蟓虫的天敌提供了栖息地（Sánchez‐Navarro 等，2020）。

借助害虫天敌来控制咖啡浆果蛀虫。其主要天敌包括寄生蜂和捕食者，如鸟类、蚂蚁、蓟马和真菌。在咖啡种植园中引进多样化的物种，类似多层次农林复合系统，为害虫的各类天敌提供了栖息地。采取一些卫生清洁措施也能带来益处，如定期清理受感染的叶子和树枝，采摘掉落的咖啡豆。此外，很重要的一点是不要轻易移动不同位置的覆盖物，可以喷洒天然喷剂来保护苗圃幼苗，如印楝树提取物、马列兰栎树（black jack）树皮提取物和灰毛豆（tephrosia）种子提取物，或用塑料网覆盖幼苗（Ssebunya，2011）。

咖啡枯萎病的防治手段包括限制咖啡原料在农场内和农场间的流动，移除受感染的咖啡树，对耕作工具进行消毒；也建议将咖啡树枝嫁接到具有抗病性的砧木上（第 2.3.2）。

咖啡浆果病的防治可以通过栽种广泛推广的抗病咖啡品种。此外，采取田间作物防疫措施也可防治该病，如摘掉受感染的咖啡果，清理掉咖啡树的患病枝节等（James 等，2019；Tadesse 等，2020）。

线虫可通过栽种受感染的幼苗传播，也会经动物、人、机器携带的土壤颗粒进行传播，还可通过水传播（国际农业与生物科学研究中心 CABI，2021）。应避免在田地之间移动土壤，否则会将线虫引入未受感染的田地，及时清理农用工具、鞋子、轮胎和机械上的土壤颗粒十分重要。在土壤中加入有机物（如粪肥）可以刺激微生物与线虫的竞争。平整土壤表面，使其与斜坡平行，这样形成的排水模式可以最大限度地减少土壤侵蚀，从而减少线虫的移动。控制咖啡树之间的杂草对防治线虫也有益处（国际农业和生物科学中心，2021）。嫁接抗线虫咖啡砧木也是一种防治手段。

建议在咖啡树叶片上施用内吸性杀真菌剂来防治真菌性疾病（如叶锈病）。在疾病发展的最初阶段，也可以使用接触性杀菌剂进行预防。

防风树可以作为一道屏障减少到达咖啡田的真菌孢子数量。大雨和可能的高压水洗也可以冲刷掉叶面上的孢子，从而减少孢子的总体数量（Plant Village，2021；Ssebunya，2011）。

喷洒石硫合剂是一种可用于控制咖啡锈病的廉价处理方法。施用石灰硫混合物可以形成一种物理屏障，防止锈菌孢子发芽并渗透到咖啡叶子中。这种处理方法已运用于其他作物，但最后通常被昂贵的杀真菌剂所取代。锈病一旦爆发再喷洒石硫合剂则不太可能会成功阻止疾病的侵略性扩散，因此抢先一步喷

---

① 译者注：遮阴树会降低空气温度。

洒石硫合剂最为有效（咖啡与气候倡议，2021）。

有益真菌（如木霉 *Trichoderma*）可以促进作物生长并有助于防治某些植物疾病（咖啡与气候倡议，2021）。

抗病虫害的改良咖啡品种。一些具有抗病虫害遗传特性的品种是从另一个物种（主要是罗布斯塔咖啡，有时是利比里亚咖啡）引入基因（即基因渗入）。20 世纪 20 年代，东帝汶的一株阿拉比卡咖啡和一株罗布斯塔咖啡繁殖产生了一种杂交咖啡，并以帝汶杂交种（Timor Hybrid）而闻名，这是一个拥有罗布斯塔咖啡抗锈病遗传物质的阿拉比卡咖啡品种。咖啡专家于是在实验中开始使用帝汶杂交种来培育新的抗锈病品种。他们选择了许多不同的帝汶杂交"品种"，然后与其他高产咖啡品种杂交，产生了渗入阿拉比卡基因的两大咖啡品种群，即卡蒂莫（Catimors）和萨奇（Sarchimors）；但二者并不是特征明显的咖啡变种，而是具有相似祖先的众多咖啡品种所组成的群体。据报道，部分基因渗入的咖啡品种产出的咖啡质量较低，但对于面临咖啡叶锈病和咖啡浆果病威胁的农民来说，这些品种却至关重要（世界咖啡研究会，2020）。

在咖啡树行间进行人工除草可以控制杂草。人工除草在咖啡树生长的早期阶段尤为重要。树叶中含有有机物，而由树叶形成的土壤覆盖物也可以抑制杂草生长。在咖啡生长的早期阶段，间作大豆也能抑制杂草生长（Green Life Crop Protection Africa，2021；Tadesse 等，2020）。

©粮农组织/Isaac Kasamani

2.4　减缓气候变化的方法

与其他类似作物一样，咖啡既深受气候变化的影响，也会导致气候变化。将咖啡从生产地运送到消费者的过程会排放大量温室气体。咖啡种植面积的扩大以及从遮阴种植到全日照种植的转变，导致了森林砍伐和温室气体排放。某些咖啡加工方法，如全水洗法，在脱浆和发酵过程中产生的废水也会造成甲烷排放（Stuart，2014）。

2.4.1　增强土壤固碳潜力

增加土壤有机质含量需要增加碳输入并尽量减少碳损失。为种植咖啡而砍伐森林会造成大量的碳损失，并导致温室气体排放。在咖啡种植园种植遮阴树木可以封存二氧化碳，但这并不能弥补因砍伐森林而造成的碳损失。减少以咖啡种植为目的的森林砍伐和保持咖啡种植系统稳定是重中之重（Thurston 等，2013；Rising 等，2016）。

行动措施

咖啡行业的气候变化减缓策略（如限制天然林转为种植园和促进农林复合咖啡种植）有助于森林的可持续管理和遏制毁林（具体目标 15.2），还为保护生物多样性保存或创造了栖息地（具体目标 15.5）。

减少或禁止森林砍伐。气候变化迫使咖啡种植转移到新的区域，鉴于此，将咖啡种植限制在当前农业区范围内或确保咖啡种植与重新造林计划相结合变得异常重要。研究表明，靠近森林和野生传粉者的咖啡种植园产量更高，产生的畸形咖啡豆（圆豆）会更少（Ricketts 等，2004；Rising 等，2016）。为了减缓气候变化和防止生物多样性丧失，需要大幅减少森林砍伐。针对公共和私营利益相关者开发的实时森林砍伐监测系统和早期检测预警系统有利于尽早察觉因种植咖啡驱动的森林砍伐（Bunn 等，2019）。同时，还必须采取额外措施，将与咖啡生产相关的技术问题与政策方针联系起来，以便在政府框架内采取有效行动（Finer 等，2018）。最终，必须通过出台零毁林政策，从供应链中消除毁林现象，确保咖啡企业运营透明，提供产品追踪机制，不会将咖啡生产转移到其他林区，也不会加剧小农户的边缘化（Bunn 等，2019）。

农林复合经营。如前文所述，尽管农林复合经营与咖啡遮阴种植系统有时因生产率低于咖啡单一种植系统而受到批评，但二者与咖啡单一种植系统相比仍具有许多优势。农林复合系统可实现作物生产多样化与生态效益相结合（2.3.1），同时将碳固定在树木和土壤中。固碳潜力因树种、先前的土地利用方式以及当地气候和土壤条件而异。咖啡农林系统固碳潜力区间为10~150吨碳/公顷（Rahn 等，2014；Vaast 等，2016）。

> 增加土壤有机碳含量有助于稳定土壤，保护土壤免受侵蚀，有助于建立一个不再出现土地退化的世界（具体目标15.3）。

土壤肥力和养分综合管理可减少因不可持续的集约化农业生产而造成的土地退化和土壤养分流失。根据作物需求施用无机肥和有机肥，其中包括回收的有机资源（如绿肥和农家肥），可以增加土壤固碳潜力并减少温室气体排放。施肥建议应根据当地情况、气候条件、作物生长阶段和土壤类型进行调整。提高土壤有机碳含量可以改善土壤质量，减少土壤侵蚀和退化，从而减少二氧化碳和一氧化二氮的排放（Kukal 等，2009）。咖啡的土壤肥力和养分综合管理是一种管理选择，可以降低使用无机肥料的成本，并确保咖啡高效生长所需的堆肥量得到优化，以满足当地的灌溉用水需求（Chemura，2014）。

生物炭可以通过对咖啡果壳的热解（即在无氧条件下对有机材料进行加热）产生，可用作土壤改良剂。生物炭的生成方式为处理作为回收副产品的咖啡果壳提供了一种可选方案。生物炭也为烘干咖啡提供了能源。咖啡果壳重量在咖啡总产量中占比14%，通常会被直接撒在土壤表层，这对增加土壤养分微乎其微；抑或被烧掉，导致烟雾污染等问题。然而，咖啡果壳生物炭潜在业务的推广需要联合现有活性炭生产厂家（Flammini 等，2020）。

2.4.2 减少温室气体排放

减少作物生产中二氧化碳的排放主要通过以下两种方式来实现：降低耕作过程中的直接碳排放和避免土壤有机碳的矿化。咖啡生产系统中温室气体排放的主要来源是：①化肥和农药的使用；②咖啡果脱浆和发酵过程中甲烷的排放；③直接燃料和电的使用；④土壤中养分的释放（Rising 等，2016）。据估计，相比传统和商业咖啡多元化种植模式，咖啡单一种植模式要多排放50%的温室气体（van Rikxoort 等，2014）。

行动措施

保持传统的多元化咖啡种植模式，而不是采用遮阴或无遮阴的单一种植模式。传统多元化咖啡种植模式在维持高碳储量层面发挥着重要作用。这些系统尤其适用于有人居住的保护区，以及优先考虑低管理成本而非高咖啡产量的地区（Cortina - Villar 等，2012；Schroth 等，2011）。商业多元化咖啡种植系统的碳储量通常比传统多元化咖啡种植系统要低，但仍然相当可观。这种多元化种植系统提供了一种低碳足迹的咖啡生产方式，并且农业生产多样化也降低了农民应对风险时的脆弱性，这种风险通常与气候变化和市场波动相关

(Schroth 和 Ruf，2014；van Rikxoort 等，2014)。

> 提高养分和肥料的利用效率不仅可以降低温室气体排放，还可以减少陆地、淡水和海洋生态系统中的营养盐，并增强相关的生态系统服务（具体目标 15.1，6.3，14.1)。
>
> 这种利用效率的提高还能够减少因空气、水和土壤污染造成的疾病，对人类健康产生有益影响（具体目标 3.9)。

作为保护性农业的一部分，作物生产多样化（如 2.3.1 所述）可以增强固碳能力，提高氮的利用效率（Corsi 等，2012)。包括豆科植物在内的作物系统多样化对土壤中的生物固氮非常重要，可以减少农民对化肥的依赖，并降低一氧化二氮的排放。

适当施用化肥。无机肥和有机肥的使用会对环境造成一些不利影响（如水体富营养化、空气污染、土壤酸化以及硝酸盐和重金属在土壤中的积累）(Mosier 等，2013)。最佳施肥率的确定应考虑到这些环境影响、温室气体排放以及作物的产量和收入。例如，无机肥在田间灌溉水量较高时施用最为有效，而有机肥在灌溉水量较低时施用效果更好（Chemura，2014)。准确把握所需肥料的数量和恰当的施肥频率也很重要。

施用叶面肥能够解决特定的土壤肥力问题（如微量营养素缺乏），并减少土壤施肥时因高流失率造成的污染，因此施用叶面肥可成为一种可持续的管理方案。纳米技术（如硫酸锌和氧化锌纳米颗粒）也可以对咖啡的坐果和质量产生重大影响（Rossi 等，2019)。

建议使用干法或自然、生态法来加工咖啡果，而不使用湿法加工（即全水洗法），以减少甲烷排放（详见 2.3.3)。在全水洗过程中，会用到大型发酵罐和冲洗管道，造成每千克咖啡果的用水量显著增加（van Rikxoort 等，2014)。这种方法还会造成甲烷排放、水污染并产生废弃副产品。如前所述，咖啡果中的糖分最终可能会在水中发酵并变成醋酸，而这种水的处理可能还会威胁到当地的供水系统。甲烷的排放是由（咖啡果中）黏液的厌氧分解引起的，如果使用化石燃料来烘干咖啡果，可能还会伴随着二氧化碳的额外排放。传统的湿法加工会导致大量温室气体排放，让咖啡消费者认识到这一点至关重要（van Rikxoort 等，2014)。

沼气厂可从加工咖啡果排出的废水中捕获甲烷，可用作燃气进行煮饭；也可用来发电，维持咖啡脱浆机和温磨机燃气泵的运转，而此种方式可作为大规模加工咖啡果同时缓解甲烷排放量的一种方案（Rodríguez Valencia 和 Zambrano Franco，2010；van Rikxoort 等，2014)。

从加工咖啡果的废水中捕获甲烷并将其用作生物燃料，有助于增加可再生能源在全球能源结构中的比例（具体目标7.2）。

回收副产品用于养分管理和生产生物能源也有助于减少废物产生（具体目标12.5）。

副产品（如有缺陷的咖啡豆、咖啡果壳和树桩上的木材）可用作生物肥料（如生物炭）、生物燃料和生物质能源（Perfect Daily Grind，2017）。

2.5 咖啡生产环境和可持续性认证

进行咖啡认证可以向消费者证明此种咖啡是以可持续方式生产的，如果有足够的需求量，也可以提高其市场价值。但由于涉及成本和基础设施，标准的第三方认证系统已将许多小农户排除在外。其他因素也阻碍了小农户获得认证，如无法获得技术信息。应营造一个更加重视能力发展的有利环境，制定专门政策和激励措施来提高对这类认证的需求，这样对于农民来说，获得这些认证才更加切实可行和有所收益。另外，农民可以加入参与式保障体系。

咖啡认证可证明咖啡生产者的实践是可持续、环保和有机的。经认证的咖啡表明其生产方式是遵循认证机构制定的特定指南，并由独立的第三方认证机构进行验证。认证还可用来提高咖啡的国际市场价值。然而，受益于这些标准的主要是大型咖啡生产商和为数不多的小规模咖啡农户，因为这些认证标准成本高，需要投入大量的劳动力，而且在行政上难以获得许可和为继。以下认证标准要求对环境可持续性做出高度承诺，并限制化肥的使用；促进农民得到更多的社会效益和经济利益；并为农民生产的咖啡提供公允价值：

- 公平贸易认证；
- 雨林联盟/UTZ认证；
- 鸟类友好（史密森尼候鸟中心）认证；
- 美国农业部有机认证；
- 其他私人和自愿倡议，例如星巴克咖啡，农民权益（C.A.F.E.）实践，Nespresso AAA可持续优质咖啡计划和4C（咖啡社区通用代码）。

参与式保障体系（PGS）是一种旨在解决当前对第三方认证日益高涨的批评声这一问题而开发的认证体系（插文4）。批评者对第三方认证指出的缺点包括：推广服务和认证的严格分离；未考虑有机农业固有的多样化经济、生态和社会文化背景（Fouilleux和Loconto，2017；Källander，2008；Meirelles，

2003），以及将全球北方①的标准明显强加于全球南方②（Home 等，2017；Schwentesius de Rindermann，2016）。参与式保障体系是为国内市场开发的更适合当地情况的认证计划，旨在为小农户赋权，促进农民之间相互学习，并加强粮食安全和粮食主权（Kaufmann and Vogl，2018）。许多支持者认为，PGS 在农村发展和农民赋权中发挥着至关重要的作用，因为该体系让农民参与到验证、决策和营销的整个过程之中（Buena，2020）。尽管近年来 PGS 的推广范围有所扩大，但其成功实施仍面临着诸多挑战。这些挑战包括：PGS 作为有机认证计划缺乏法律认可（Home 等，2017；Meirelles，2003；Nelson 等，2010）；无法获得可持续融资（Fonseca，2004；Nelson 等，2010）；以及难以保证生产者和消费者的参与度（Bellante，2017；Home 等，2017；Nelson 等，2010；Schwentesius de Rindermann，2016）。

©CC/Jonathan Wilkins

➲ 插文 4　菲律宾的参与式保障体系

　　2020 年，菲律宾参议院批准通过了一项法案，修订了现有的国家有机农业法律框架，并承认了参与式保障体系。有了这一法律认可，从事有机耕作的农民现在可以接受培训，认证自己的产品。2010 年，《共和国法案10068》（即《有机农业法》）颁布，为菲律宾不断发展的有机农业运动提供了法律支持。然而，该法案第十七条规定只有经过第三方认证的产品才能贴上"有机"标签，这就禁止了小规模有机农民获得认证，因为他们往往

---

① 译者注：发达国家。
② 译者注：发展中国家。

无法支付相关费用。2010 年后，该国开展了参与式保障体系培训课程，以提高全国对这一问题的认识。这一过程导致国际有机农业运动联盟（IF-OAM）主席向菲律宾国家有机农业委员会提交了一份立场文件，呼吁菲律宾采取行动改变原有法律。菲律宾农业部成立了技术工作组，负责起草促进菲律宾参与式保障体系发展的行动指南。在行动指南草案获得大力支持后，委员会举行了立法听证会，最终，在菲律宾《有机农业法》颁布 10 年后，该修正案于 2020 年 6 月获得批准。

资料来源：Buena，2020。

2.6 有利的政策环境

向气候智慧型农业（CSA）转型需要推广具体的气候智慧型农业实践，这需要强有力的政治承诺，以及应对气候变化、农业发展和粮食安全等相关部门之间的一致性和协调性。在制定新政策之前，政策制定者应系统地评估当前农业和非农业协议和政策对 CSA 目标的影响，同时考虑其他国家农业发展的优先事项。政策制定者应发挥 CSA 三个目标（可持续生产、适应气候变化和减缓气候变化）之间的协同效应，解决潜在的利弊权衡问题，并尽可能避免、减少或补偿不利影响。了解影响 CSA 实践被采用的社会经济障碍、性别差异障碍以及激励机制，是制定和实施支持性政策的关键所在。

©粮农组织

除支持性政策外，有利的政策环境还包括：基本的制度安排、利益相关者的参与和性别考虑、基础设施、信贷和保险、农民获得天气信息、推广服务和咨询服务的渠道以及市场投入/产出。例如，基于天气指数的保险赔付由预测的天气事件触发，且不需要核实损失，这将最大限度地降低交易成本。咖啡产量和质量的变化对利润至关重要，而一个精心设计的指数则可应对这种变化。然而，指数保险在预期受益人（特别是小农户）中接受度很低。将天气指数保险定位于团体（如咖啡合作社）可能会增加参保率。针对乌干达咖啡种植者的研究中，van Asseldonk 等人（2020）发现，当地生产合作社作为干旱指数保险经纪人时，合作社成员的参保率很高。参保的决定因素包括合作社分享信息，确保农民了解保险的运作方式；合作社提供灵活的保险费支付方式（例如通过手机支付，或延迟支付，等到咖啡收获交货时再支付保险费等）。

旨在营造有利于环境的法律、法规和激励措施为可持续气候智慧型农业的发展奠定基础，然而目前仍存在一些风险，可能妨碍和阻止农民对行之有效的CSA 实践和技术进行投资，而加强相关机构能力建设对于支持农民、推广服务和降低风险至关重要，这有利于帮助农民更好地适应气候变化和其他环境冲击带来的影响。配套的机构是农民和决策者的主要组织力量，对于推广气候智慧型农业实践举足轻重。

2.7　结论

咖啡生产系统需要进行调整，以确保在气候变化条件下为农民生计和可持续粮食体系做出贡献。具体的适应和减缓办法将因地而异。世界各地的咖啡产区，有着各种各样的农业生态条件、土壤微气候、气候风险及社会经济背景，需要收集数据和信息以确定最佳行动方案，并根据当地需求调整做法，这一点至关重要。此手册提供的信息有利于帮助我们持续学习，促进未来政策的改进。各级利益相关者之间需要密切协调与合作，以营造有利的环境，使农民能够采取有针对性的措施，在面对气候变化时提高咖啡生产的能力、韧性和可持续性。

气候变化对咖啡生产系统造成的确切挑战仍不确定。这些挑战因地区而异，但可以肯定的是，对于已经着手应对重度粮食不安全的国家来说，气候变化带来的挑战尤为艰巨。然而，要克服这些挑战，仍需要一条明确的解决之道。相关可行性做法包括采取因地制宜的有效农艺措施，如保护性农业、有效水源和养分管理以及害虫综合治理。这些做法将进一步提高种植改良咖啡品种所获得的收益。

2.8 参考文献

Abberton, M., Batley, J., Bentley, A., Bryant, J., Cai, H., Cockram, J., Costa de Oliveira, A., Cseke, L. J., Dempewolf, H., de Pace, C., Edwards, D., Gepts, P., Greenland, A., Hall, A. E., Henry, R., Hori, K., Howe, G. T., Hughes, S., Humphreys, M., &Yano, M. 2016. Global agricultural intensification during climate change：A role for genomics. *Plant Biotechnology Journal*, 14（4）：1095 - 1098. https：//doi. org/10. 1111/pbi. 12467.

Alègre, C. 1959. Climats et caféiers d'Arabie. *L'Agronomie Tropicale*, 14：23 - 58.

Alemu, M. M. 2015. Effect of Tree Shade on Coffee Crop Production. *Journal of Sustainable Development*, 8：66. https：//doi. org/10. 5539/jsd. v8n9p66.

Bellante, L. 2017. Building the local food movement in Chiapas, Mexico：rationales, benefifi ts, and limitations. *Agriculture and Human Values*, 34：119 - 134. https：//doi. org/ 10. 1007/s10460 - 016 - 9700 - 9.

Bertrand, B., Marraccini, P., Villain, L., Breitler, J. - C. &Etienne, H. 2016. Healthy Tropical Plants to Mitigate the Impact of Climate Change—As Exemplifified in Coffee. In E. Torquebiau, ed. Climate *Change and Agriculture Worldwide*, pp. 83 - 95. Springer, Dordrecht. https：//doi. org/10. 1007/978 - 94 - 017 - 7462 - 8 _ 7.

BREEDCAFS. 2020. BREEDCAFS ［online］. ［Cited 18 June 2021］. https：//www. breedcafs. eu.

Buena, M. R. A. 2020. How PGS Changed the Law on Organic Agriculture in the Philippines. In：*Organic Without Boundaries*：*Digging Deeper* ［online］. ［Cited 18 June 2021］. www. organicwithoutboundaries. bio/2020/06/24/how - pgs changed - the - law - on - organic - agriculture - in - the - philippines/Accessed 29. 07. 2021.

Bunn, C., Läderach, P., Ovalle - Rivera, O. &Kirschke, D. 2015. A bitter cup：climate change profifi le of global production of Arabica and Robusta coffee. *Climatic Change*, 129：89 - 101. https：//doi. org/10. 1007/s10584 - 014 - 1306 - x.

Bunn, C., Läderach, P., Quaye, A., Muilerman, S., Noponen, M. &Lundy, M. 2019. Recommendation domains to scale out climate change adaptation in cocoa production in Ghana. *Climate Services*, 16（8）：100123. https：//doi. org/10. 1016/j. cliser. 2019. 100123.

CABI. 2019. *Common Pests and Diseases of Coffee*. ［online］. ［Cited 18 June 2021］. https：//www. cabi. org/ISC/FullTextPDF/2013/20137804172. pdf.

CABI. 2021. Cultural Control of Root Nematodes in Coffee. In：Plantwise Knowledge Bank：Plantwise Factsheets for Farmers ［online］. ［Cited 18 June 2021］. https：//www. plant- wise. org/KnowledgeBank/factsheetforfarmers/20167800023.

Campos, V. P. &Villain, L. 2005. Nematode parasites of coffee and cocoa. In M. Luc, R. A. Sikora, &J. Bridge, eds. Plant Parasitic Nematodes in Subtropical and Tropical Agriculture：Second Edition, pp. 529 - 580. UK. CABI Publishing. https：//doi. org/10. 1079/

9780851997278. 0529.

Carr, M. K. V. 2001. The water relations and irrigation requirements of coffee. Experimental Agriculture, 37 (1): 1 – 36. https: //doi. org/10. 1017/S0014479701001090.

Chemura, A. 2014. The growth response of coffee (Coffea arabica L) plants to organic manure, inorganic fertilizers and integrated soil fertility management under different irrigation water supply levels. International Journal of Recycling of Organic Waste in Agriculture, 3 (article 59). https: //doi. org/10. 1007/s40093 – 014 – 0059 – x.

Corsi, S. , Friedrich, T. , Kassam, A. , Pisante, M. &de Moraes Sà, J. 2012. Soil Organic Carbon Accumulation and Greenhouse Gas Emission Reductions from Conservation Agriculture: A review of evidence. Integrated Crop Management, Vol. 16. Rome, FAO.

Cortina – Villar, S. , Plascencia – Vargas, H. , Vaca, R. , Schroth, G. , Zepeda, Y. , Soto – Pinto, L. &Nahed – Toral, J. 2012. Resolving the conflfl ict between ecosystem protection and land use in protected areas of the sierra madre de chiapas, Mexico. Environmental Management, 49: 649 – 662. https: //doi. org/10. 1007/s00267 – 011 – 9799 – 9.

Coste, R. 1992. Coffee: the plant and the product. London, Macmillan Press.

DaMatta, F. &Rena, A. 2002. Ecofifi siologia de cafezais sombreados e a pleno Sol. In L. Zambolim, ed. O estado da arte de tecnologias na produção de café, pp. 93 – 135. Brasil. Universidade Federal Viçosa, Departamento de Fitopatologia.

Dasgupta, P. , Morton, J. F. , Dodman, D. , Karapinar, B. , Meza, F. , Rivera Ferre, M. G. , Toure Sarr, A. &Vincent, K. E. 2014. Rural areas. In: Climate Change 2014: Impacts, Adaptation, and Vulnerability. Part A: Global and Sectoral Aspects. Contribution of Working Group II to the Fifth Assessment Report of the Intergovernmental Panel on Climate Change [Field, C. B. , V. R. Barros, D. J. Dokken, K. J. Mach, M. D. Mastrandrea, T. E. Bilir, M. C hatterjee, K. L. Ebi, Y. O. Estrada, R. C. Genova, B. Girma, E. S. Kissel, A. N. Levy, S. MacCracken, P. R. Mastrandrea, and L. L. White (eds.)]. Cambridge University Press, Cambridge, United Kingdom and New York, NY, USA, pp. 613 – 657.

FAO. 2016. Save and grow in practice: maize, rice and wheat – A guide to sustainable cereal production. Rome. (also available at www. fao. org/policy – support/tools – and – publications/resources – details/en/c/1263072/).

FAO. 2017. Climate – Smart Agriculture Sourcebook, second edition [online]. [Cited 18 June 2021] http: //www. fao. org/climate – smart – agriculture – sourcebook/about/en/.

FAO. 2019. Sustainable Food Production and Climate Change. (also available at www. fao. org/3/ca7223en/CA7223EN. pdf).

FAO. 2021. FAOSTAT. In: FAO [online]. [Cited 24 July 2020]. http: //faostat. fao. org.

Gay, C. , Estrada, F. , Conde, C. , Eakin, H. &Villers, L. 2006. Potential impacts of climate change on agriculture: A case of study of coffee production in Veracruz, Mexico. *Climatic Change*, 79: 259 – 288. https: //doi. org/10. 1007/s10584 – 006 – 9066 – x.

Finer, B. M. , Novoa, S. , Weisse, M. J. , Petersen, R. , Mascaro, J. , Souto, T. , Stearns,

F. &Martinez, R. G. 2018. Combating deforestation: From satellite to intervention. *Science*, 360 (6395): 1303 – 1305. https://doi. org/10. 112 6/science. aat1203.

Flammini, A., Brundin, E., Grill, R. &Zellweger, H. 2020. Supply Chain Uncertainties of Small – Scale Coffee Husk – Biochar Production for Activated Carbon in Vietnam. *Sustainability*, 12 (19): 8069. https://doi. org/10. 3390/su12198069.

Fischersworring, B., Schmidt, G., Linne, K., Pringle P. &Baker, P. 2015. *Climate Change Adaptation in Coffee Production: A step – by – step guide to supporting coffee farmers in adapting to climate change*. Initiative for coffee&climate. https://www. researchgate. net/publication/ 272290999 _ Climate _ Change _ Adaptation _ in _ Coffee _ Production.

Fonseca, M. F. 2004. *Alternative Certififi cation and a Network Conformity Assessment Approach*. Bonn, International Federation of Organic Agriculture Movements (IFOAM).

Fouilleux, E. &Loconto, A. 2017. Voluntary standards, certififi cation, and accreditation in the global organic agriculture fifi eld: a tripartite model of techno – politics. *Agriculture and Human Values*, 34: 1 – 14. https://doi. org/10. 1007/s10460 – 016 – 9686 – 3.

Gmünder S., Toro C., Rojas Acosta J. M., Rodriguez Valencia N. 2020. *Environmental footprint of coffee in Colombia – Guidance Document*. Quantis and Cenicafé.

Green Life Crop Protection Africa. 2021. Coffee Weed Management. In: *Green Life Crop Protection Africa* [online]. [Cited 18 June 2021]. https://www. greenlife. co. ke/coffee – weed – management/.

Groenen, D. 2018. The Effects of Climate Change on the Pests and Diseases of Coffee Crops in Mesoamerica. *Journal of Climatology&Weather Forecasting*, 6: 3. https://doi. org/ 10. 4172/2332 – 2594. 1000239.

Home, R., Bouagnimbeck, H., Ugas, R., Arbenz, M. &Stolze, M. 2017. Participatory guarantee systems: organic certification to empower farmers and strengthen communities. *Agroecology and Sustainable Food Systems*, 41 (5): 526 – 545. https://doi. org/ 10. 108 0/21683565. 2017. 1279702.

Hsiang, S. M. &Meng, K. C. 2015. Tropical economics. *American Economic Review*, 105 (5): 257 – 61. https://doi. org/10. 1257/aer. p20151030.

Initiative for coffee&climate. 2021. *Initiative for coffee&climate toolbox*. [online]. [Cited 18 June 2021]. https://toolbox. coffeeandclimate. org.

IPCC. 2014. Climate Change 2014: Synthesis Report. Contribution of Working Groups I, II and III to the Fifth Assessment Report of the Intergovernmental Panel on Climate Change. [Core Writing Team, R. K. Pachauri and L. A. Meyer (eds.)]. IPCC, Geneva, Switzerland, 151 pp.

James, M. G., Wilson, M. T., Chripine, O. O. &John, M. I. 2019. Evaluation of coffee berry disease resistance (Colletotrichum kahawae) in F2 populations derived from Arabica coffee varieties Rume Sudan and SL 28. *Journal of Plant Breeding and Crop Science*, 11

(9)：225 – 233. https：//doi. org/10. 5897/jpbcs2019. 0829.

Jaramillo, J.，Muchugu, E.，Vega, F. E.，Davis, A.，Borgemeister, C. &Chabi‐Olaye, A. 2011. Some like it hot：The influence and implications of climate change on coffee berry borer (Hypothenemus hampei) and coffee production in East Africa. *PLoS ONE*，6 (9)：e24528. https：//doi. org/10. 1371/journal. pone. 0024528.

Jaramillo, J.，Setamou, M.，Muchugu, E.，Chabi‐Olaye, A.，Jaramillo, A.，Mukabana, J.，Maina, J.，Gathara, S. &Borgemeister, C. 2013. Climate Change or Urbanization? Impacts on a Traditional Coffee Production System in East Africa over the Last 80 Years. *PLoS ONE*，8 (1)：e51815. https：//doi. org/10. 1371/journal. pone. 0051815.

De Jesus Junior, W. C.，Martins, L. D.，Rodrigues, W. N.，Moraes, W. B.，do Amaral, J. F. T. Tomaz, M. A. &Alves, P. R. 2012. Mudanças climáticas：potencial impacto na sustentabilidade da cafeicultura. In A. J. Tomaz，J. F. T. do Amaral，W. C. de Jesus Junior，A. F. A. da Fonseca，R.，Ferrão，G. Ferrão，L. D. Martins&W. N. Rodrigues，eds. Inovação，difusão e integração：bases para a sustentabilidade da cafeicultura (pp. 179 – 201). Alegre，Brazil，CAUFES.

Källander, I. 2008. *Participatory Guarantee Systems – PGS*. Stockholm，Swedish Society for Nature Conservation.

Kates, R. W.，Travis, W. R. &Wilbanks, T. J. 2012. Transformational adaptation when incremental adaptations to climate change are insufficient. *Proceedings of the National Academy of Sciences of the United States of America*，109 (19)：7156 – 7161. https：//doi. org/10. 1073/pnas. 1115521109.

Kaufmann, S. &Vogl, C. R. 2018. Participatory Guarantee Systems (PGS) in Mexico：a theoretic ideal or everyday practice? *Agriculture and Human Values*，35：457 – 472. https：//doi. org/10. 1007/s10460 – 017 – 9844 – 2.

Kukal, S. S.，Rasool, R. &Benbi, D. K. 2009. Soil organic carbon sequestration in relation to organic and inorganic fertilization in rice – wheat and maize – wheat systems. *Soil and Tillage Research*，102 (1)：87 – 92. https：//doi. org/10. 1016/j. still. 2008. 07. 017.

Kutywayo, D.，Chemura, A.，Kusena, W.，Chidoko, P. &Mahoya, C. 2013. The Impact of Climate Change on the Potential Distribution of Agricultural Pests：The Case of the Coffee White Stem Borer (Monochamus leuconotus P.) in Zimbabwe. *PLoS ONE*，8 (8)：e73432. https：//doi. org/10. 1371/journal. pone. 0073432.

Läderach, P.，Ramirez‐Villegas, J.，Navarro‐Racines, C.，Zelaya, C.，Martinez‐Valle, A. &Jarvis, A. 2017. Climate change adaptation of coffee production in space and time. *Climatic Change*，141：47 – 62. https：//doi. org/10. 1007/s10584 – 016 – 1788 – 9.

Martins, L.，Eugenio, F.，Rodrigues, W.，Junior, W.，Tomaz, M.，Ramalho, J. &Santos, A. 2017. *Climatic Vulnerability in Robusta Coffee Mitigation and Adaptation*. *Climatic Vulnerability in Robusta Cofffee Mitigation and Adaptation*，Alegre，Brazil，CAUFES. https：//doi. org/10. 18677/ufes1.

McKinsey Global Institute. 2020. *Climate Risk and response – Physical hazards and socioeconomic impacts.*

Meirelles, L. 2003. *La certificación de productos orgánicos. Encuentros y desencuentros.* Lapa, Brazil, Centro Ecologico Ipe.

Mosier, A. , Syers, J. K. &Freney, J. R. 2013. *Agriculture and the nitrogen cycle: assessing the impacts of fertilizer use on food production and the environment.* SCOPE Report, No. 65. Washington, D. C. , Island Press.

Mukadasi, B. 2019. Relational effects of land resource degradation and rural poverty levels in Busoga Region, Eastern Uganda. *International Journal of Environment, Agriculture and Biotechnology,* 4: 1054 – 1062. https://doi.org/10.22161/ijeab.4425.

Mutua, J. 2000. *Post Harvest Handling and Processing of Coffee in African Countries.* Rome, FAO. (also available at *http://www.fao.org/3/X6939E/X6939e00.htm*).

Nelson, E. , Gómez Tovar, L. , Schwentesius de Rindermann, R. &Gómez Cruz, M. Á. 2010. Participatory organic certification in Mexico: An alternative approach to maintaining the integrity of the organic label. *Agriculture and Human Values,* 27: 227 – 237.

Ovalle – Rivera, O. , Lä derach, P. , Bunn, C. , Obersteiner, M. , &Schroth, G. 2015. Projected shifts in Coffea arabica suitability among major global producing regions due to climate change. *PLoS ONE,* 10（4）: e0124155. https://doi.org/10.1371/journal.pone.0124155.

Parker, S. 2019. *The Fight to Save Coffee from Climate Change Heats Up. In: Sustainable Food Trust: Articles* [online]. [Cited 18 June 2021]. https://sustainablefoodtrust.org/articles/the – fifight – to – save – coffee – from – climate – change heats – up/.

Perfect Daily Grind. 2017. *Green Coffee: How Wet Processing Is Becoming More Eco – Friendly.* In: *Perfect Daily Grind: Farming* [online]. [Cited 18 June 2021]. https://perfectdailygrind.com/2017/08/green – coffee – how wet – processing – is – becoming – more –eco – friendly/.

Perfect Daily Grind. 2020. *Combating Climate Change's Impact With Hybrid Coffee Varieties.* In: *Perfect Daily Grind: Varieties* [online]. [Cited 18 June 2021]. https://perfectdailygrind.com/2020/07/combating – climate changes – impact – with – hybrid – coffee – varieties/.

Plant Village. 2020. Coffee. In: *Plant Village* [online]. [Cited 18 June 2021]. https://plantvillage.psu.edu/topics/coffee/infos.

Pohlan, H. A. J. &Janssens, M. J. J. 2010. Growth And Production of coffee. In W. H. Verheye, ed. *Soils, Plant Growth and Crop Production,* pp. 102 – 134. London, Encyclopedia of Life Support Systems (ELOSS).

Rahn, E. , Läderach, P. , Baca, M. , Cressy, C. , Schroth, G. , Malin, D. , van Rikxoort, H. &Shriver, J. 2014. Climate change adaptation, mitigation and livelihood benefiti ts in coffee production: where are the synergies? *Mitigation and Adaptation Strategies for Global*

Change，19：1119 - 1137. https：//doi. org/10. 1007/s11027 - 013 - 9467 - x.

Rickards，L. &Howden，S. M. 2012. Transformational adaptation：Agriculture and climate change. *Crop and Pasture Science*，63（3）：240 - 250. https：//doi. org/10. 1071/CP11172.

Ricketts，T. H.，Daily，G. C.，Ehrlich，P. R. &Michener，C. D. 2004. Economic value of tropical forest to coffee production. *Proceedings of the National Academy of Sciences of the United States of America*，101（34）：12579 - 12582. https：//doi. org/10. 1073/pnas. 0405147101.

Rising，J.，Foreman，T.，Simmons，J.，Brahm，M. &Sachs，J. 2016. *The impacts of climate change on coffee：trouble brewing*. The Earth Institute，Columbia University. http：//eicoffee. net/application/fifi les/report/public. pdf.

Rodríguez Valencia，N. &Zambrano Franco，D. 2010. Los subproductos del café：fuente de energía renovable. *Avances Técnicos* 393，Cenicafé.

Rossi，L.，Fedenia，L. N.，Sharifan，H.，Ma，X. &Lombardini，L. 2019. Effects of foliar application of zinc sulfate and zinc nanoparticles in coffee（Coffea arabica L.）plants. *Plant Physiology and Biochemistry*，135：160 - 166. https：//doi. org/10. 1016/j. plaphy. 2018. 12. 005.

Sánchez - Navarro，V.，Marcos - Pérez，M. &Zornoza，R. 2020. A comparison between vegetable intercropping systems and monocultures in greenhouse gas emissions under organic management. 22nd European Geosciences Union（EGU）General Assembly，held online 4 - 8 May，2020.

Schroth，G.，Läderach，P.，Dempewolf，J.，Philpott，S.，Haggar，J.，Eakin，H.，Castillejos，T.，Moreno，J. G.，Pinto，L. S.，Hernandez，R.，Eitzinger，A. &Ramirez - Villegas，J. 2009. Towards a climate change adaptation strategy for coffee communities and ecosystems in the Sierra Madre de Chiapas，Mexico. *Mitigation and Adaptation Strategies for Global Change*，14：605 - 625. https：//doi. org/10. 1007/s11027 - 009 - 9186 - 5.

Schroth，G.，da Mota，M. do S. S.，Hills，T.，Soto—Pinto，L.，Wijayanto，I.，Arief，C. W. &Zepeda，Y. 2011. *Linking Carbon，Biodiversity and Livelihoods Near Forest Margins：The Role of Agroforestry*. In B. Kumar&P. Nair，eds. *Carbon Sequestration Potential of Agroforestry Systems*. *Advances in Agroforestry*，vol 8，pp. 179 - 200. Dordrecht，Springer. https：//doi. org/10. 1007/978 - 94 - 007 - 1630 - 8_10.

Schroth，G. &Ruf，F. 2014. Farmer strategies for tree crop diversifification in the humid tropics. A review. *Agronomy for Sustainable Development*，34：139 - 154. https：//doi. org/10. 1007/s13593 - 013 - 0175 - 4.

Schwentesius de Rindermann，R. 2016. Participatory guarantee systems and the re - imagining of Mexico's organic sector. *Agriculture and Human Values*，33（2）：373 - 388. https：//10. 1007/s10460 - 015 - 9615 - x.

Scott，M. 2015. Climate&Coffee. In：*NOAA Climate. gov：News&Features.*［online］. ［Cited 18 June 2021］. https：//www. climate. gov/news - features/climate - and/climate -

coffee.

Ssebunya. B. 2011. *African Organic Agriculture Training Manual——Module* 9 （*Crops*），*Unit* 13 （*Coffffee*）*A Resource Manual for Trainers*. Research Institute of Organic Agriculture （FiBL）. https：//www. organic - africa. net/fifi leadmin/organic - africa/documents/ training - manual/chapter - 09/Africa _ Manual _ M09 - 13. pdf.

Smith, M. S. , Horrocks, L. , Harvey, A. &Hamilton, C. 2011. Rethinking adaptation for a 4℃ world. *Philosophical Transactions of the Royal Society A：Mathematical，Physical and Engineering Sciences*，369：196 - 216. https：//doi. org/10. 109 8/rsta. 2010. 0277.

Sobreira, F. M. , Guimaraes, R. J. , Colombo, A. , Scalco, M. S. &Carvalho, J. G. 2011. Nitrogen and potassium fertigation in coffee at the formation phase with high plant density. *Pesquisa Agropecuária Brasileira*，46 （1）：9 - 16.

Stafford, M. , Horrocks, L. , Harvey, A. &Hamilton, C. 2011. Rethinking adaptation for a 4℃ world. *Philosophical Transactions of the Royal Society A：Mathematical，Physical and Engineering Sciences*，369：196 - 216. https：//doi. org/10. 109 8/rsta. 2010. 0277.

Stuart, I. 2014. *Coffee&climate change，a round - up story*. In：CCAFFS：News ［online］. ［Cited 18 June 2021］. https：//ccafs. cgiar. org/fr/blog/coffee climate - change - round - story♯. X4mJBebityx.

Tadesse, T. , Tesfaye, B. &Abera, G. 2020. Coffee production constraints and opportunities at major growing districts of southern Ethiopia. *Cogent Food&Agriculture*，6 （1）. https：// doi. org/10. 1080/23311932. 2020. 1741982.

Thurston, R. , Morris, J. &Steiman, S. 2013. Coffee：A Comprehensive Guide to the Bean，the Beverage，and the Industry. Rowman&Littlefield Publishers.

Tucker, C. M. , Eakin, H. &Castellanos, E. J. 2010. Perceptions of risk and adaptation：Coffee producers，market shocks，and extreme weather in Central America and Mexico. *Global Environmental Change*，20 （1）：23 - 32. https：//doi. org/10. 1016/j. gloenvcha. 2009. 07. 006.

Tummakate, A. 1999. Mulching in coffee：A review. *Thai Agricultural Research Journal*，17 （1）：97.

USDA FAS （United States Department of Agriculture Foreign Agricultural Service）. 2021. Coffee summary and Table03A Coffee production. In：*Production Supply and Distribution* （*PSD*）*Online：PSD reports*. ［online］. ［Cited 29 July 2021］ https：//apps. fas. usda. gov/ psdonline/app/index. html♯/app/downloads.

Vaast, P. , Harmand, J. - M. , Rapidel, B. , Jagoret, P. &Deheuvels, O. 2016. Coffee and Cocoa Production in Agroforestry - A Climate - Smart Agriculture Model. In E. Torquebiau，ed. *Climate Change and Agriculture Worldwide*，pp. 209 - 224. Springer，Dordrecht. https：//doi. org/10. 1007/978 - 94 - 017 - 7462 - 8 _ 16.

van Asseldonk, M. , Muwonge, D. , Musuya, I. &Abuce, M. 2020. Adoption and preferences for coffee drought index—based insurance in Uganda. Studies in Agricultural Economics，122（3）：162 – 166.

van Rikxoort, H. , Schroth, G. , Läderach, P. & Rodríguez – Sánchez, B. 2014. Carbon foot-prints and carbon stocks reveal climate – friendly coffee production. *Agronomy for Sustain-able Development*，34：887 – 897. https：//doi. org/10. 1007/s13593 – 014 – 0223 – 8.

WCR（World Coffee Research）. 2019. *Annual Report* 2019：*Creating the future of coffee*.

WCR. 2020. *Arabica Coffee Variety Catalog*. ［online］. ［Cited 18 June 2021］. https：// varieties. worldcoffeeresearch. org/varieties.

Wrigley, G. 1988. Coffee. Tropical Agriculture Series. London，John Wiley and Sons，Inc.

Wyckhuys, K. A. G. , Lu, Y. , Morales, H. , Vazquez, L. L. , Legaspi, J. C. , Eliopoulos, P. A. & Hernandez, L. M. 2013. Current status and potential of conservationbiological con-trol for agriculture in the developing world. *Biological Control*，65（1）：152 – 167. https：//doi. org/10. 1016/j. biocontrol. 2012. 11. 010.

Zullo, J. , Pinto, H. S. , Assad, E. D. , & de Ávila, A. M. H. 2011. Potential for growing Arabica coffee in the extreme south of Brazil in a warmer world. *Climatic Change*，109：535 – 548. https：//doi. org/10. 1007/s10584 – 011 – 0058 – 0.

第3章
可持续豇豆生产

生产系统适应气候条件变化并减少环境影响

H. Jacobs、T. Calles、S. Corsi、C. Mba、M. Taguchi、B. Hadi、F. Beed、P. Lidder和H. Kim

©粮农组织/Sumy Sadurni　　　　©粮农组织/P. Lowrey

3.1 引言

在热带及亚热带地区，特别是非洲地区豇豆是重要的豆类作物。豇豆含有对人体健康有益的营养成分。近来，豇豆的研究热点主要集中于"如何在气候变化条件下，提高豇豆的产量与豇豆生产的土壤固碳能力"。豇豆本身具有一定的抗旱性。然而，现在天气条件愈发不稳定，极端天气事件更加频发，因此，对于农民来说，寻求豇豆种植的气候变化适应之道、减缓气候变化的影响，已经变得迫在眉睫。本章介绍了适应和减缓气候变化的方法，有助于豇豆生产向更可持续、更有韧性的系统转型；同时还强调了以上方法与《2030年可持续发展议程》中可持续发展目标之间的协同效应。为了确保农民能够了解并广泛采用此类气候智慧型农业耕作方法，强有力的政治承诺、配套的支持性机构和投资是必不可少的。这类方法的广泛采用将有利于提高豇豆产量，带来更稳定的收入，确保粮食安全，并有助于建立有韧性、可持续和（温室气体）低排放的粮食体系。

豇豆（*Vigna unguiculata*［L.］Walp.）是一种暖季型一年生豆科植物，原产于非洲南部，目前广泛种植于半干旱热带地区，主要用作食物和饲料（Timko和Singh，2008）。豇豆是撒哈拉以南非洲地区最重要的经济作物之一，也是萨赫勒地区的主要豆类作物（Casas，2017）。豇豆全球种植面积为1 450万公顷，其中非洲的种植面积占比约84%。豇豆在非洲主要用作食品、动物饲料和种子（国际热带农业研究所，2019）。豇豆也是一种有效的绿肥，可以固定土壤中的氮，并有助于控制土壤侵蚀（Ajeigbe等，2010）。就种植面积和作物产量而言，尼日利亚、尼日尔、巴西和布基纳法索是最大的豇豆生产国（巴西国家商品供应公司，2018；粮农组织，2021）（图3-1）。

豇豆通常生长在海拔1 200米以下的地区，可以适应各种土壤类型和pH条件。然而，其最佳生长条件是pH为6.0～7.8的轻质土壤。豇豆天然抗旱耐热，但无法在霜冻条件下存活（Casas，2017；国际热带农业研究所，2019）。

与其他豆科植物一样，豇豆可以固定土壤中的氮，改善氮循环。正是由于这种特性，豇豆和其他豆类植物在可持续性农业中起到了不可或缺的作用。在干旱地区和其他土壤氮含量较低地区，豇豆在作物轮作中发挥着重要作用（Mousavi-Derazmahalleh等，2019）。豇豆经常与高粱、小麦、玉米等间作或套作。

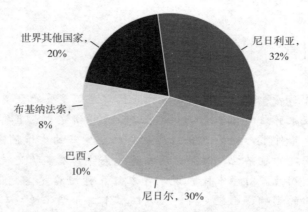

图 3-1 2018 年各国豇豆产量占比（％）
资料来源：巴西国家商品供应公司，2018；粮农组织，2021。

　　将豇豆引入种植系统和日常饮食，可以增加人们获取营养食物的来源（具体目标 2.1），并有助于预防非传染性疾病（具体目标 3.4）。

　　豇豆是一种重要的粮食和营养作物。豇豆中的蛋白质含量超过 25％，其铁、锌含量也很高。豇豆中还含有叶酸、木脂素、皂苷、抗氧化剂和膳食纤维。其脂肪含量低，富含大量人体所必需的氨基酸（如赖氨酸和色氨酸）、叶酸和 B 族维生素。豇豆还具有抗糖尿病、抗癌和抗炎的特性，另外还可以防止或减缓血脂在血液中的积累，可有效降低高血压。正是由于这些特性，增加豇豆的生产和消费可能有助于全球对抗肥胖和非传染性疾病（Jayathilake 等，2018）。

　　豇豆还是一种营养丰富的牲畜饲料作物。在采收豇豆并脱粒种子之后，剩下的茎和秆（豆秸）仍含有超过 17％ 的蛋白质，在冬季和干旱季节，可以作为替代饲料，为动物提供蛋白质和热量（Singh 等，2011；Singh 等，2003）。豇豆可以适应贫瘠土壤条件，能够在干旱易发地区生长（Singh 和 Tarawali，1997）。因此，今后豇豆可以作为草料及饲料作物大量种植，并且在某些地区，豇豆可替代因气候变化而无法种植的作物。尽管在撒哈拉以南的非洲地区，豇豆是一种营养丰富的重要粮食安全作物，具有重要的经济及社会价值，但其研究和开发目前尚未引起广泛关注（Fatokun 等，2020）。

　　本书是《气候智慧型农业（CSA）资料手册》（粮农组织，2017）的配套指南，概述了气候变化情景下豇豆生产系统的最佳实践方法，旨在为政策制定者、研究人员和其他致力于可持续作物生产集约化的组织和个人提供参考。本书以通俗易懂的语言和案例，逐一介绍了可操作的干预措施，可用于提高或维持气候变化威胁下豇豆生产系统的生产力。书中介绍的可持续豇豆生产策略涉及气候智慧型农业的三大支柱：持续性提高农业生产力和收入；加强适应和抵御气候变化的能力；尽可能减少或避免温室气体排放。这些策略既可以使豇豆生产系统适应因气候条件变化而增加的生物和非生物胁迫，又可以减少此类系统造成的温室气体排放。这份围绕豇豆而撰写的概况是气候智慧型农业系列作物概况之一。

3.2 气候变化对豇豆生产的影响及预测

豇豆耐高温能力强，并且比其他豆类作物更耐干旱胁迫（Hall 等，2002；Hall，2004）。然而，频发的干旱也会对豇豆造成巨大损害。农民通常会在非洲较冷地区种植高粱、玉米或小米；在温暖地区种植玉米，或复种玉米-豆类和玉米-花生；在炎热地区种植豇豆，或复种豇豆-高粱和小米-花生（Kurukulasuriya 和 Mendelsohn，2006）。豇豆历来是温暖地区的可靠作物。

然而，非生物胁迫（如干旱、洪水、盐胁迫和极端温度）预计会随着气候变化而加剧，并影响豇豆生产。另外，降水模式变化和气温升高可能会导致豇豆生长条件恶化，改变其生长季节，降低其产量（Ajetomobi 和 Abiodun，2010）。豇豆种植者目前面临的最大挑战之一就是，作物繁殖发育后期的极端高温影响，这会导致花粉不育，并大幅减少每株豆荚的数量（Lucas 等，2013）。预计气候变化还会增加病虫害和萎蔫的发生频率，减少成形种子的数量，减缓作物生长速度，并导致作物晚熟（Semenov 和 Halford，2009）。据预测，气候变化会对害虫产生两方面的影响：改变害虫的地理位置分布；提高热带地区的害虫新陈代谢率，这将导致害虫的繁殖速度和进食频率加快。温度升高也会加速虫害爆发周期，导致害虫变得更加难以控制。值得注意的是，尽管还未提出科学证据，但人们已经观察到豇豆病虫害的这些潜在影响。

豇豆生产对气候变化的影响。豇豆生产既受气候变化的影响，也会造成温室气体排放。在豇豆生产系统中，主要的温室气体排放源与传统的作物生产方式密不可分，其中包括：传统耕作——导致土壤有机碳的损失；化肥和农药的使用——导致

©粮农组织/Sonia Nguyen

非二氧化碳温室气体（如一氧化二氮）的排放；造成各类排放的农业作业。然而，豇豆和其他豆类能将大气中的氮固定在土壤中，并有助于最大限度地减少化学氮肥的使用。此外，它们作为覆盖作物可增加土壤碳固存。豇豆的上述作用将在本章第3节中进一步讨论。

3.3　适应气候变化的方法

气温升高、降水规律的改变、豇豆害虫分布模式的变化以及更加频发和愈发极端的天气事件（如热浪和气旋）等，都是气候变化过程中豇豆种植者要面临的挑战。豇豆生产系统需要增强对这些气象灾害的抵御能力，农民也需要增强自身对气候变化的适应能力。这一领域的进展将有助于实现可持续发展目标13（气候行动），特别是具体目标13.1。实现这些目标的主要方法包括：发展保护性农业、采用改良的作物和品种、开展水源有效管理和实施害虫综合治理。配套的政策和相关立法将有助于推动农民采用上述气候智慧型做法。推广服务和配套的支持性机构也发挥着至关重要的作用，有助于完善政府种子计划，改善种子在正式和非正式种子部门之间的分配情况，促进改良豇豆种子在农民之间的流通。此外，让农民参与研究、推广抗性品种、进行有关改进豆类作物种植的培训和教育，以及增加妇女的参与机会，也是有效适应性方法的必要组成部分。

粮农组织与相关国家开展合作，致力于减少气候变化对作物生产力的不利影响以及作物生产系统对气候变化的影响。根据该领域的经验教训，粮农组织（2019）提出了一种适应和减缓气候变化的四步法（图3-2）：

1）评估气候风险；

2）优先考虑农民需求；

3）确定农事方案；

4）推广成功干预措施。

在"节约与增长"模式中，粮农组织依靠第三步来实现可持续的作物生产集约化。"节约与增长"模式涵盖了一系列做法，如发展保护性农业、采用改良的作物和品种、开展有效的水源管理和实施害虫综合治理。本节将详细介绍以上做法在豇豆生产系统中的应用。

3.3.1　保护性农业

保护性农业是一种可持续的农艺管理系统，综合运用免耕或少耕、用地膜

图 3-2 "节约与增长"模式
资料来源：粮农组织，2019。

或覆盖作物覆盖土壤表面，以及作物生产多样化等多种手段（Cairns 等，2013；粮农组织，2016，2017）。

行动措施

提倡作物生产多样化，避免谷物单作和连作。豇豆耐阴，可以与其他作物间作。玉米等主要谷类作物需要大量的氮，可以通过在轮作中种植豆类作物来提供部分氮。连续种植不同的作物可以减少并防止洪涝和干旱造成的土壤侵蚀，控制杂草和病虫害，减少对化肥和除草剂的需求。豇豆和其他豆科作物轮作可以使土壤富氮，并能帮助后续作物提高产量。许多豆类作物耕作系统可以通过以下三种常用方法来实施。

- **间作**，即在同一行中同时种植豆类作物和谷物，或隔行交替种植；改良带状间作，即两行谷物与四行豇豆交替种植（Singh 和 Ajeigbe，2007）；
- **套作**，即在不同的日期播种豆类作物和谷物，但在其生命周期的某一阶段一起栽培；
- **轮作**，即在豇豆或其他豆类作物收割后再种植玉米或小麦等谷类作物。

> 豇豆-谷类种植系统的多样化为可持续发展带来了多重好处，有助于改善土壤肥力和养分管理、防止水土流失，有助于建立更可持续、更有韧性的粮食体系（具体目标2.4），并有助于陆地生态系统的可持续管理（具体目标15.1）。豇豆可以作为营养饲料，支持作物-畜牧一体化，有助于提高经济生产力（具体目标8.2），还可为小农户提供收入来源（具体目标2.3），并创造体面的农村就业机会（具体目标8.5）。最大限度降低因化肥使用造成的养分损失，有助于减少陆地活动造成的海洋污染（具体目标14.1）。

与谷类作物相比，大多数传统的豆类作物产量较低，并且需要100～150天才能成熟。因此，开发并采用短期高产豇豆品种，用于谷类作物耕作系统的轮作，是增加豇豆产量的一种可行方案。这一方案可带来诸多益处。首先，豇豆等豆类作物可增强土壤肥力，有助于提高农业生产系统的可持续性。此外，豆类还富含蛋白质、维生素和矿物质，是谷物等高碳水化合物的营养替代品和补充物（Singh，2014）。20世纪80年代，国际热带农业研究所（IITA）的豇豆研究重点转向了开发短生育期（60～70天）的极早熟豇豆品种，这类品种以直立到半直立的方式生长。国际热带农业研究所的这项研究工作由B. B. Singh负责，1979—2006年，他是国际热带农业研究所的主要豇豆育种家。Singh在40个国家培育出了超过35个新品种，并将全球豇豆产量从1974年的不到100万吨提高到2013年的700多万吨。现在这些品种在许多国家中得到普遍种植，呈以下轮作形式：小麦-豇豆-水稻、水稻-豇豆-水稻、玉米-双豇豆、高粱-小米-豇豆、大豆-豇豆。过去十年中全球豇豆产量也随之提高了约70%（Singh，2014，2016）。尼日尔和尼日利亚的许多农民在改良的带状种植系统中，将这些60～70天成熟的豇豆品种与玉米、高粱和小米一起种植，产量喜人（Singh和Ajeigbe，2007；Singh，2014）。

玉米-豆类耕作系统在所有发展中国家都十分常见，其中包括菜豆、木豆、豇豆、落花生和大豆，主要用于食用。豇豆的市场价格是玉米的1.5～2倍，其较高的价格及与玉米的综合产量，已证明间作可以提高耕作系统的总体生产力（Pradhan等，2018）。另有研究表明，玉米冠层提供的遮阳效果有利于提高豇豆叶片的水势（Filho，2000）。

作物-畜牧一体化使农民能够实现生产多样化，让农民可以从谷物、种子、饲料、肉类和牛奶生产中赚取更多利润。豇豆具有双重用途，既可作为谷物，又可作为饲料，有助于作物-畜牧一体化生产系统的成功实施。豇豆为农民在应对气候变化时提供了更大的灵活性，因为豇豆通常是在谷类作物成熟之前收获的第一种作物，农民可以决定是否增加投入，以及豆子的采摘量。采摘的豆子越少则产出的叶子越多，这些叶子可以用作牲畜饲料（Gomez，2004）。作物-畜牧一体化还增加了农村地区的就业机会（Ajeigbe 等，2010）。

增强农业土壤的水分调节能力可以提高用水效率（具体目标6.4），改善水质（具体目标6.3），使更多人能够获得安全饮用水（具体目标6.1），最终有助于确保水资源的可用性和可持续管理（可持续发展目标6）。减少耕作可节约能源，有助于提高农业部门的能效（具体目标7.3）。

免耕或直接播种是指在没有机械准备苗床的情况下，通过打孔来精确地放置种子。这种方法可以提高土壤有机质含量（Sapkota 等，2017），改善水分的渗透和保持，提高水分利用效率，并减少土壤侵蚀（Sapkota 等，2015）。研究表明，免耕法可以大幅节能（粮农组织，2013）。研究还表明，免耕土壤中碳和氮的浓度可能更高，特别是在最上层（0～5 厘米）土壤中（Guzzetti 等，2020）。然而，需要注意的是，免耕对土壤有机碳和氮含量的影响因土壤性质、机械使用情况和其他场地特定因素而异。

3.3.2　改良豇豆作物和品种

豇豆是干粒食用粮食，与新鲜豌豆或未成熟豆荚相比，对极端干旱有更强的抵抗能力（Hall，2012）。尽管如此，人们对更能适应气候变化的新品种豇豆需求依然越来越大。不同豇豆品种在形态、性状和产量方面有相当大的差异。在所有豆科植物中，豇豆的植物类型、生长习性、成熟时间和种子类型最具多样性（Singh，2016；Sivasankar，2018）。

一些豇豆品种已被用作饲料，作为单一作物种植或与谷物间作。然而，仍需要对豇豆的饲料性状进行更多的遗传研究（Kulkarni 等，2018）。

在植物育种中使用地方品种和作物野生近缘种，有助于保持栽培植物的遗传多样性（具体目标2.5）。

利用基因组工具识别的性状位点、基因和等位基因，可用于辅助育种，支持改良作物品种的开发（插文5）。最近，这方面研究已取得巨大进展（Kulkarni 等，2018）。通过大量的苜蓿、大豆和豇豆基因组资源，已经确定了许多在改良品种开发中有用的分子标记。这些进展有助于增强作物对干旱和盐度的适应性（Abberton 等，2016；Batley 和 Edwards，2016；Dhankher 和 Foyer，2018；Kole 等，2015）。

不同品种间作。在萨赫勒等地区，降水极不稳定，干旱愈发严重。因此，建议农民每年至少种植两种豇豆（Hall，2004）。若发生季中干旱，极早熟直立品种可能生长缓慢，但中周期蔓性品种作为间作作物，可有充足空间生长，产量较高。若发生晚季干旱，则早熟直立品种粮食产量较大，而中周期蔓性品种粮食产量较少，但可以产出大量草料（Hall，2004）。

> **⊙ 插文5　国际热带农业研究所品种、基因库和农民田间学校**
>
> 　　国际热带农业研究所的科学家已经开发出早熟和中熟的高产豇豆品种，这些品种具有抗主要病虫害、线虫和寄生杂草的能力，已投放到全球68个国家。经过20年的研究和实地试验，尼日利亚生物安全管理局（NBMA）于2019年批准转基因豇豆面向尼日利亚农民销售，允许农业研究所商业化投放抗豆荚螟豇豆品种（PBR豇豆）AAT709A，这种豇豆经过基因改良，对豆荚螟（Maruca vitrata）有抵抗力。热带农业研究所基因库拥有世界上最大、最多样化的豇豆种质样本库，共有来自88个国家的15 122个种质样本，占全球豇豆种质多样性的近一半。此外，热带农业研究所的农民田间学校（FFS）项目还对农民进行了改进豇豆病虫害管理方法的培训。

行动措施

　　种植符合当地条件的作物品种。这是一种重要的适应性方法。为了应对萨赫勒地区一系列导致生长季节极短的干旱，加州大学河滨分校和塞内加尔农业研究所（ISRA）通过将抗旱性、直立生长习性和早期同步开花相结合，培育出了生长周期非常短的极早熟豇豆品种。这类品种在营养阶段（即发芽和开花之间的阶段）不会大面积蔓生，建议以较小的间距（行间距50厘米，种子间距25厘米）种植，以保证在早期采摘时，豆荚产量较高（Hall，2012）。国际热带农业研究所与布基纳法索、马里、尼日尔和尼日利亚合作开发了抗寄生杂草独脚金的短生育期豇豆品种，目前在这些国家广受欢迎。

　　通过正式、非正式种子部门和政府种子方案改善种子的流通情况。发展中国家的农民往往从不受监管的非正式渠道获取种子，包括从当地市场购买种子以及与家庭成员和邻居交换种子。豇豆是一种自花授粉作物，农民通常将收获的种子保存起来，以备日后种植（Kulkarni等，2018）。因此，以社区为基础的种子生产和分销渠道非常重要，应当予以支持。这对于那些既易受气候变化影响，又生产重要粮食安全作物（如豇豆、菜豆、花生、红薯、山药和木薯）的地区尤为重要。中小型企业有助于确保农民能够获得优质改良种子（粮农组织，2017）。通过粮农组织"扩大作物和机械化系统规模"项目（Crop and Mechanization Systems Scaling‑up），农民可以在选定合作社中建立的当地"节约与增长"农业企业中心，获得改良的豇豆品种和其他豆类种子。国际热带农业研究所指出，强有力的正式和非正式种子部门相联合，有助于加快改良品种的流通，因为每个购买这类种子的农民都会成为许多其他农民的潜在种子来源（Ajeigbe 等，2010）。

为改善豇豆种子在农民之间的流通情况，国际热带农业研究所还提出了以下建议（Ajeigbe 等，2010）：

- 种植新品种和改良品种应遵循一整套推荐做法，以达到产量最大化并获得优质种子。
- 推广人员应监督种子生产地块，并为农民提供指导，可建立示范地块，以便观测新品种的管理技术并提供种子质量方面的指导。
- 研究机构或种子公司应定期向作为社区内种子主要来源的制种农户，提供新鲜的原种（插文 6）。
- 应通过包括广播和电视、文化和宗教团体以及市场和贸易协会在内的所有可用传播途径，增进人们对新品种益处和当地种子供应渠道的了解。

©粮农组织/P. Lowrey

➡ 插文 6 加大政府种子支持力度，保护尼日利亚农业免受新冠疫情的影响

据西非国家经济共同体（ECOWAS）估计，新冠疫情将加剧粮食不安全状况，扰乱粮食生产系统，构成潜在粮食危机，使 5 000 万人面临无法获得充足营养的威胁。这场疫情还将加剧气候变化、干旱、草地贪夜蛾和蝗灾对西非地区的影响。

农民对种子援助计划的需求愈发迫切，许多非洲农民在疫情之前就已经很难获得优质种子。农民往往无法确定种子的质量。据估计，非洲95％的豆类和旱地谷物的种子质量难以得到保证。这可能严重影响粮食安全和作物产量，而新冠疫情可能会使这一问题恶化。各国政府和援助组织将继续面临挑战，迫切需要为农民提供重要营养作物的优质种子。

在尼日利亚，为响应"减轻疫情对粮食系统影响"的倡议，13个州计划为10 000名小农户提供高粱、珍珠稷、豇豆和水稻的改良种子。在国际半干旱热带作物研究所（ICRISAT）领导下，一组农业研究机构一直与尼日利亚政府合作，并于最近提出了种子支持倡议（国际半干旱热带作物研究所，2020）。农业和农村发展部长强调，有必要为生产系统提供此类支持，以减轻疫情造成的影响，他还指出，在疫情防控期间，最能有效应对粮食和营养安全威胁的作物就是营养丰富的谷物和豆类，包括高粱、龙爪稷和珍珠稷以及花生、鹰嘴豆、豇豆、蚕豆和鸽子豆等豆类作物。尼日利亚政府还着手与研究机构合作，提前规划生产育种家种子和原种，用于2020—2021年高产种子生产。尼日利亚已经在国家和州级层面实施了早期应对战略，以实现粮食和农业投入物不受封城限制，能够自由流通。区域合作和公私合作能够推动建立疫情后恢复所需的种子合作系统，以改善营养饮食，确保更具韧性的供应链，并与市场建立联系，预测需求峰值，为实现可持续发展目标做出贡献。

资料来源：Paul，2020。

让农民参与研究，加强种子相关培训和教育，增加妇女的参与机会。多年来，豆类种植一直受困于低产量和低回报等问题。国际半干旱热带作物研究所称，通过让农民参与到豆类研究的关键环节，可以提高豆类种植系统的生产力。国际豆类研究项目"热带豆类"（Tropical Legumes）就是一个范例。该项目于2007—2019年分三个阶段开展，由比尔及梅琳达·盖茨基金会资助，由国际农业研究磋商组织的三个下属研究中心（国际半干旱热带作物研究所、国际热带农业研究所和国际热带农业中心，CIAT）及撒哈拉以南非洲和南亚的15个国家农业研究所联合实施。该倡议为制种、病害诊断和粮食储存提供指导，并致力于开发改良高产品种。让农民参与研究过程确保了新品种能够满足农民的喜好和需求。这项工作在"非洲加速品种改良和种子系统（AVISA）"[①]项目下继续开展。该项目与国际农业研究磋商组织的"谷物豆类和旱地谷物研究计划（GLDC）"合作，致力于开发抗病虫害的高产豇豆品种，并

---

① 欲知更多信息，请访问AVISA项目网站：www.avisaproject.org。

提高豇豆产量。该计划已选定一些极早熟和早熟的豇豆品种，可以在因降水模式变化而缩短的耕作期内种植（国际农业研究磋商组织，2019）[①]。

加强正式和非正式种子系统之间以及研究人员和农民之间的合作，改善种子供应情况，有助于推动建立有效的公私和民间社会伙伴关系（具体目标17.17）。

对农民进行种子生产培训并让他们参与研究活动，有助于帮助他们获得新的技术和职业技能（具体目标4.4）。

性别平等的豇豆种子系统有助于让女性有平等的机会获得种子，可以增强妇女权能（具体目标5.1）。

在一些非洲国家，妇女无法平等地获得改良种子，这是一个亟待解决的问题。"热带豆类项目"收集了大量关于豆类种子系统中性别动态的数据，这有助于为开发男女平等的种子系统提供信息。性别平等的种子系统使妇女能够受益于豇豆和其他豆类种植所创造的新增就业机会，并在种子生产、研究和种子企业等妇女代表性不足的领域发挥作用（Paul，2020）。

3.3.3 有效的水源管理

豇豆是一种短生育期的耐旱作物，在生长周期内需要300～500毫米的均匀降水（Casas，2017）。然而，相比其他主要作物，豇豆对降水较少的天气条件有更强的适应性，可以在出苗期承受长达7天的干旱，在灌浆期承受10～15天的干旱，但在开花期只能承受3～5天的干旱（非洲和拉丁美洲应对气候变化项目，2014）。豇豆的深根系有助于固定土壤，而其地面覆盖层可以防止水分流失和土壤侵蚀（非洲和拉丁美洲应对气候变化项目，2014）。然而，豇豆不耐过多的水分，即使田间积水几个小时也会对豇豆生长产生不利影响。

豇豆种植系统的有效水源管理有助于确保水资源的可持续管理（可持续发展目标6），特别是有助于提高用水效率（具体目标6.4）。

行动措施

避免渍水土壤。豇豆可以在砂土和黏土等不同类型的土壤中生长，但其在渍水土壤中长势不佳，因为这类土壤会抑制其固氮（Ajetomobi和Abiodun，2010）。

---

① 有关近十年的豇豆研究概况可参阅热带豆科植物中心网站：http//tropicallegumeshub.com/.

保护性农业措施（第一部分）可用于提高土壤持水能力，减少蒸发损失。豇豆可以在恶劣干旱的条件下生长。尽管如此，采用免耕等保护性农业措施来提高土壤含水量仍然十分重要，因为已有研究表明，与传统耕作方法相比，免耕法可以减少土壤水分损失（Guzzetti 等，2020）。在免耕情况下，豇豆对缺水条件的耐受性有所提高，在非灌溉情况下，其产量也有所提高（Ahamefule 和 Peter，2014；Moroke 等，2011；Plaza - Bonilla 等，2017）。另外，保持充足的土壤有机质也有助于提高水分生产力（粮农组织，2016）。

改变种植日期。种植日期的选择对于提高豇豆产量十分重要（Sivasankar，2018）。然而，受气候变化影响，预测适当的种植日期变得更加困难。生长季节开始和结束时，气候变得更加多变，这就要求改变豇豆的种植日期。农民可通过选择合适的种植日期，来确保豇豆在生长的关键阶段能够获得充足的水分（Sivasankar，2018）。另一种解决办法是培育新品种，以应对生长季节长度的变化，或避免水分和温度不适合作物发育阶段的情况发生（粮农组织，2017；Ali 等，2017）。

提高用水效率。提高用水效率能增强作物对干旱的适应能力（Hall，2012），这可以通过在目标生产区培育具有更深根系的豇豆来实现。这种豇豆在土壤深处可获得大量水分，从而得以在降水减少的条件下生长（Hall，2012）。国际热带农业研究所开发的几个豇豆新品种根系深而密，在西非长势良好。当土壤湿度不理想时，施用钾肥可以促进豇豆的根系生长，缓解热带种植系统中的水分胁迫（Sangakkar 等，2001）。

3.3.4 害虫综合治理

撒哈拉以南非洲地区的豇豆种植者经常遭受产量损失，因为豇豆在生长的各个阶段都极易受到一系列病虫害的影响。

害虫

害虫会对豇豆造成损害，一直是其生产和收获后储存阶段的主要威胁（Agunbiade 等，2018），可显著降低其产量。撒哈拉以南非洲会出现豇豆产量极低的情况，可能每公顷产量甚至有可能低于 500 千克，其主要原因便是虫害（国际农业研究磋商组织，2019）。豆野螟是豆荚螟蛾的幼虫，会攻击豇豆的花和豆荚，是最常见且最具破坏性的豇豆害虫。其他主要的豇豆害虫包括：豇豆蚜虫——会在豇豆幼苗期从叶片和茎中吸取汁液，并传播豇豆花叶病毒；花蓟马——以生长中的花蕾为食，会导致花朵掉落；还有多种吸荚昆虫，如棕色吸荚虫和巨缘蝽等（Dumet 等，2008）。

在西非，危害豇豆的主要害虫是四纹豆象（*Callosobruchus maculatus*）和暗条豆象（*Bruchidus atrolineatus*）。豇豆也容易受到线虫的侵害，线虫会阻止豇豆根部从土壤中吸收养分和水分（Gomez，2004；Agunbiade 等，2018）。

杂草

影响豇豆生长的常见杂草是寄生开花杂草豇豆巫草（*Striga gesnerioides*）和黑蒴（*Alectra vogelli*），它们会阻碍豇豆在各个阶段的生长。现已发现具有抗上述两种杂草基因的豇豆品种，并且正在开发改良豇豆品种（国际农业研究磋商组织，2019）。

> 害虫综合治理强调尽量减少有害化学农药的使用，有助于陆地生态系统的可持续管理（具体目标 15.1），并减少陆地活动造成的海洋污染（具体目标 14.1）。
>
> 害虫综合治理的成功实施，可以防止可能严重损害作物并导致饥荒的虫害，有助于实现具体目标 2.1。
>
> 害虫综合治理有助于实现化学品在整个存在周期的无害化环境管理，减少它们排入大气以及渗漏到水和土壤中的概率，从而最大限度地减少对人类健康和环境的影响（具体目标 12.4）。

病害

危害豇豆的主要病害有枯萎病、细菌性溃疡病、南方茎枯病、叶斑病、锈病和白粉病。细菌性枯萎病（*Xanthomonas vignicola*）会对豇豆造成严重损害。最常见的病毒疾病是豇豆蚜传花叶病毒（Gaikwad 和 Thottappilly，1988）。其他主要豇豆病害包括扁豆集壶菌（*Synchytrium dolichi*）和种传病毒，如豇豆花叶病毒（*Sphaceloma* spp.）（Gomez，2004）。

行动措施

害虫综合治理（IPM）是一种针对作物生产和保护的生态系统方法，也是为了应对农药的大范围滥用。在开展 IPM 时，农民选择基于实地观察的自然方法来管理害虫。这些方法包括生物防治（即利用害虫的天敌）、选种抗性品种、改变栖息地和改进栽培方式（即从种植环境中去除或引入某些元素以降低其对害虫的适宜性），以及使用生物杀虫剂。而理性、安全地喷洒经严格筛选的农药应作为兜底方式（粮农组织，2016）。IPM 充分利用自然虫害管理机制来维持害虫与其天敌之间的平衡。非化学方法包括选种抗性品种（Cairns 等，2012）、操控农田周围的栖息地，为害虫的天敌提供额外的食物和庇护所等（Wyckhuys 等，2013）。

尽管已进行了数十年的害虫综合治理能力建设，但对豇豆害虫的防控仍然困难重重。撒哈拉以南非洲地区没有充分遵循害虫综合治理的各项原则。农民仍然严重依赖化学杀虫剂，这致使农药的成本和豇豆病虫害对农药的耐药性不断增加，从而给农民带来了挑战（Agunbiade 等，2018）。

采用抗性品种。通过对国际热带农业研究所基因库的数百份种质资源进行评估，开发出了对昆虫害虫具有抵抗力的品种。许多国家已经推出了几种对主要豇豆病害和虫害具有抵抗力的品种（表 3-1），如 IT98K-205-8 和 IT97K-499-35。上述品种对主要疾病、蚜虫、豆象甲虫以及豇豆巫草和黑蓊等杂草具有综合抗性。若干研究已经评估了这些品种对豆荚螟的抗性机制，尽管如此其对豆荚螟的抗性水平仍然很低，因为在栽培豇豆种质时，没有赋予其抗豆荚螟的基因，这种基因只存在于野生豇豆品种中，如 TVNu 72 和 TVNu 73 等野生豇豆品系（Jackai，1982，1990；Oghiakhe 等，1995）。然而，野生豇豆无法运用到实际育种当中。在极早熟品种 IT93K-452-1 和早熟品种 IT86D-719 中，豆荚螟的发病率最低（Adati 等，2007）。尽管已取得上述研究成果，但除了豇豆蚜虫外，几乎针对所有豇豆害虫都尚未发现高水平抗性（表 3-1）。

表 3-1　对主要病虫害具有抗性的豇豆品种

品种	特性	抗性
IT98K-205、IT87K-499-35	栽培品种	蚜虫、豆象甲虫，豇豆巫草
SAMPEA 20 PBR（IT97K-499-35Bt 型）	转基因品种	豆野螟（豆荚的损害程度降低）
IT93K-452-1	极早熟品种	豆荚螟（低发病率）
IT86D-719	早熟品种	豆荚螟（48%的豆荚受损）
TVNu72、TVNU73	野生豇豆	豆野螟、豆荚螟（高抗性）

为了克服豇豆对豆荚螟的低水平抗性问题，美国国际开发署、国际热带农业研究所、尼日利亚和非洲农业技术基金会（AATF）于 2001 年发起了一项多方倡议，将苏云金芽孢杆菌（Bt）（生物杀虫剂中常用的一种细菌）的基因转移到豇豆上。这一举措成功培育出了一种抗豆荚螟的 Bt 豇豆品种 IT97K-499-35。这一名为"SAMPEA 20 PBR"的 Bt 品种于 2019 年在尼日利亚上市。类似的豇豆品种也将在布基纳法索和加纳推出。一系列研究表明，Cry1Ab 蛋白在 Bt 豇豆中的高剂量表达可有效减少豆荚螟造成的危害，并提高作物总体产量（Addae 等，2020）。一项风险评估项目得出结论：种植 Bt 豇豆对西非豇豆生态系统中的益虫、蜘蛛和其他节肢动物可能造成的影响可以忽略不计（Ba 等，2018）。已上市的 Bt 豇豆对吸液昆虫不具抗性，因此需要结合其他害虫管理手段，如使用植物杀虫剂。抗性的破坏仍然是 Bt 豇豆面临的潜在挑战。抗虫管理策略至关重要，如应结合种植 Bt 豇豆和非 Bt 豇豆，以及

在 Bt 豇豆种植地附近提供天然庇护所（Addae 等，2020）。

种植抗性、早熟和极早熟豇豆品种有助于避免蓟马、豆荚螟和豆荚吸虫的侵害（Ajegbe 等，2010）。

种植日期管理可以作为豇豆害虫综合治理的重要手段（Kamara 等，2018）。为了避免虫害的侵袭，干旱大草原上的农民经常调整豇豆的种植日期。较早的种植日期更为有利，因为随着季节的推移，害虫通常会逐渐增多，对较晚种植的豇豆造成损害。研究发现，提前种植并施用少量定向杀虫剂是一种有效手段（Javaid 等，2005）。Karungi 等人（2000）发现，提前种植减少了蚜虫、蓟马和以豆荚为食的害虫侵扰，但增加了豆荚螟虫的侵扰。

间作也是一种有效的方式。有研究表明，在印度，棉花与豇豆间作增加了捕食性瓢虫的数量，并提高了以棉铃虫为食的有益黄蜂的寄生率（Bowman 等，1998）。豇豆与高粱、小米或木薯间作可以减少蓟马的数量。

然而，一些间作耕作模式使豇豆更易受到某些害虫的侵害（Adati 等，2007）。Andow（1991）分析了 209 项关于单一作物和混合作物条件下害虫的比较研究，发现与单一作物相比，52％ 的比较研究中，其间作作物招致的害虫种群数量较少（44 种）；而 15％ 的比较研究中，其间作作物招致的害虫种群数量较多（149 种）。病虫害的发生率取决于作物的组合和病虫害的范围。Yusuf（2005）发现，在间作系统中，原生寄生蜂在豆荚螟幼虫中的寄生率显著高于其他种植系统。东非针对玉米螟虫开发的"推—拉"方法，使用植物作为诱捕作物，吸引螟虫远离谷类植物，并用植物作为间种作物驱赶害虫。若采用适合当地条件的作物组合，这种方法或许也可用于西非的豇豆-谷物种植系统（Adati 等，2007）。

生物控制。20 世纪 80 年代和 90 年代，豇豆研究热点集中于害虫与其天敌之间的相互作用。保护当地的害虫天敌为豇豆生态系统中的害虫防治提供了基础。国际热带农业研究所仍在继续开展生物防治研究。在西非，豇豆害虫的主要天敌包括寄生蜂、捕食昆虫和其他以昆虫、螨虫和其他节肢害虫为食的生物（Adati 等，2007）。

植物或微生物杀虫剂。传统杀虫剂可造成环境破坏，并减少害虫天敌的数量，从而抑制害虫防治的生态系统功能。因此，化学杀虫剂的选择和使用应谨慎合理。某些植物提取物，特别是印楝（*Azadirachta indica*）提取物，已被发现具有杀虫和驱虫作用，可作为传统杀虫剂的替代品。据报道，印楝种子（仁）水提物和仁油可有效驱赶害虫，报道还称，印楝提取物对仓储害虫的防治也有良好效果。由于印楝种子提取物的活性成分含量高于其叶片，因此，该领域对利用其叶片提取物的研究较少（Adati 等，2007）。然而，印楝种子只能在一个季节内获得，而且准备印楝种子以供使用，需要大量的人工劳动。要生产地产、平价、有效、即用的生物农药，就需要各私营部门的积极参与（Adati 等，2007）。

多种其他植物提取物已用于采收后的防虫害测试，包括辣椒（*Capsicum*）（Belmain 和 Stevenson，2001）、甜罗勒（Kéita 等，2001）和几种薄荷提取物（Raja 等，2001），烟草提取物已用于豇豆采收前的防虫害测试（Opolot 等，2006）。

微生物杀虫剂也可作为化学杀虫剂的替代品。研究表明，以昆虫、螨虫和其他节肢害虫为食的真菌（如金龟子绿僵菌和球孢白僵菌），在抑制豆蚜及豆荚螟等豇豆害虫种群方面，也有望产生良好效果（Ekesi 等，2000；Tumuhaise 等，2015）。

杀虫剂应保持在最低用量，并与其他害虫综合治理策略结合使用。此举也可以防止害虫产生抗药性。抗药性管理旨在防止或减缓害虫种群中耐药个体的不断增加，并保持现有农药的有效性（粮农组织，2012）。害虫综合治理的一个关键原则是非必要不使用杀虫剂，并尽可能使用替代病虫害管理技术（粮农组织，2012）。农民应在充分了解经济阈值的基础上，决定是否使用化学农药。利用经济阈值从经济层面对防治措施的影响进行局部分析，有助于改进决策。而全面分析则需要了解农业生态系统、害虫天敌、天气条件、植物健康状况和补偿损害的能力等多种因素（粮农组织，2020）。

杂草往往为传统豇豆品种的快速生长和蔓生习性所抑制。条播和撒播豇豆种植方式都能遮阴土壤以抑制杂草生长（Bowman 等，1998）。豇豆间作覆盖了垄间空间，有助于抑制谷物作物中的杂草生长，减少除草劳动（Pradhan 等，2018）。然而，在豇豆生长的初始阶段可能还需要人工除草，因为此阶段豇豆植株较小，无法抑制杂草生长。

3.4 减缓气候变化的方法

豇豆生产系统中存在一系列支持减缓气候变化的方案，此类方案有助于全球实现可持续发展目标13，尤其是按照可持续发展目标13.2.2（减少国家温室气体排放）的标准来看。豇豆生产系统减缓策略的可用方案能够增加农业生态系统中的碳固存，减少温室气体排放。这些方案可提高资源利用效率，防止土壤侵蚀和养分流失。减缓策略的关键要素包括：作物生产多样化、土壤肥力和养分综合管理以及可持续机械化。配合施用根瘤菌接种剂、磷肥及有机肥的各种农艺做法也可视为减缓策略。其中许多策略可为环境和人类健康带来共同益处，并有可能为农民和农业社区带来更大的经济回报。

豆类作物可以固定大气中的氮，减少农民对化学氮肥的需求，而化学氮肥又是一氧化二氮的来源，因此豆类作物种植已作为减少温室气体排放的一种方法而得到推广。此外，可持续农业系统采用保护性农业做法（包括作物轮作和种植豆类等覆盖作物）可增加土壤碳固存。因此，豇豆种植本身就有助于减缓气候变化（Sánchez - Navarro 等，2020）。

3.4.1 增强土壤固碳潜力

提高土壤有机质含量需要增加碳输入，并尽量减少碳损失。降水和温度等气候条件和土壤通气性会影响有机质的分解。而豇豆的深根系统可将碳重新分配到更深的土壤层，使其不易分解，从而有助于固碳。

行动措施

作物生产多样化作为保护性农业系统的一部分，可以提升碳固存和氮利用效率（Corsi 等，2012；Sapkota 等，2017）。包括豆类作物轮作在内的作物生产系统的多样化和集约化，可以避免农田休耕，并有助于生物固氮，从而减少农民对化肥的依赖，降低一氧化二氮和二氧化碳的排放。多年生、二年生和一年生豆类作物用于间作和套作时，可以增加作物产量及农民收入。

> 生物固氮和减少化肥使用有助于实现"改善全球消费和生产的资源使用效率"这一整体经济目标（具体目标8.4），并减少化学品排入大气以及渗漏到水和土壤中的概率，从而最大限度地减少对人类健康和环境的影响（具体目标12.4）。
>
> 产量和收入的提高直接有助于实现农业生产力和小规模粮食生产者收入翻一番的目标（具体目标2.3）。
>
> 增加土壤有机碳含量有助于稳定土壤结构，保护土壤不受侵蚀，有助于建立一个不再出现土地退化的世界（具体目标15.3）。

土壤肥力和养分综合管理可减少因不可持续的集约化农业生产系统而造成的土地退化和土壤养分流失。根据作物需求施用无机肥和有机肥，其中包括回收的有机资源（如绿肥和农家肥），可以增加土壤中的碳含量，减少温室气体排放。在小麦-豆类复种系统中，轮作与施用粪肥和氮磷肥相结合，可以提高小麦和蚕豆的产量（Agegnehu 和 Amede，2017）。在集约化系统中，土壤有机碳的管理对于作物可持续生产至关重要。施肥建议应根据种植制度和土壤类型进行调整。提高土壤有机碳含量可以改善土壤质量，减少土壤侵蚀和退化，从而减少二氧化碳和一氧化二氮的排放（Kukal 等，2009）。

3.4.2 减少温室气体排放

减少作物生产中的二氧化碳排放主要是通过降低生产操作的直接排放和避免土壤有机碳的矿化来实现的。

施用无机肥和有机肥会对环境造成一些负面影响，如水体富营养化、空气污染、土壤酸化以及土壤中硝酸盐和重金属的累积（Mosier 等，2013）。随着全球氮肥使用量的增加，人们对其造成的环境问题愈发担忧，这让豆类种植发挥了更重要的作用（Kulkarni 等，2018）。

> 提高养分和肥料的利用效率不仅可以降低温室气体排放，还可以减少陆地、淡水和海洋生态系统中的营养盐污染，并增强相关生态系统服务（具体目标 15.1、6.3、14.1）。
>
> 养分和肥料利用效率的提高还可以减少与空气、水和土壤污染相关的疾病，从而有助于改善人类健康状况（具体目标 3.9）。

行动措施

可持续机械化、使用小型拖拉机、减少田间通行次数和缩短作业时间，与保护性农业相结合，可以减少二氧化碳排放。这些措施还可以最大限度地降低土壤扰动，并减少耕作作物系统中常见的土壤侵蚀和退化（粮农组织，2017）。就间作系统而言，使用针式播种机可产生良好效果。

配合施用根瘤菌接种剂、磷肥和有机肥可以提高豇豆产量，并减少无机肥的施用。在热带稀树草原土中，磷和有机质的含量较低，这是制约生产力的主要因素。施用磷肥和有机肥可以提高豇豆对慢生根瘤菌接种的反应（Ulzen 等，2020）。对于规避风险的小农户来说，这是一种具有成本效益的施肥方法。

3.5 有利的政策环境

向气候智慧型农业（CSA）转型需要推广具体的气候智慧型农业实践措施，这需要强有力的政治承诺，以及应对气候变化、农业发展和粮食安全等相关部门之间的一致性和协调性。在制定新政策之前，政策制定者应系统地评估当前农业和非农业协议和政策对 CSA 目标的影响，同时考虑其他国家农业发展的优先事项。政策制定者应发挥 CSA 三个目标（可持续生产、适应气候变化和减缓气候变化）之间的协同效应，解决潜在的利弊权衡问题，并尽可能避免、减少或补偿不利影响。了解影响 CSA 实践被采用的社会经济障碍、性别差异障碍以及激励机制，是制定和实施支持性政策的关键所在。

除支持性政策外，有利的政策环境还包括：基本制度安排，利益相关者的参与和性别考虑，基础设施，信贷和保险，农民获得天气信息、推广服务和咨询服务的渠道以及市场投入/产出。旨在营造有利环境的法律、法规和激励措施为可持续气候智慧型农业的发展奠定了基础，然而目前仍存在一些风险，可能妨碍和阻止农民对行之有效的 CSA 实践和技术进行投资，而加强相关机构能力建设对于支持农民、推广服务和降低风险至关重要，这有利于帮助农民更好地适应气候变化带来的影响。配套的机构是农民和决策者的主要组织力量，对于推广气候智慧型农业实践举足轻重。

©粮农组织/Sonia Nguyen

3.6　结论

豇豆生产系统需要进行调整，以确保在气候变化条件下继续为粮食安全、农民生计和可持续粮食体系做出贡献。具体的适应和减缓办法将因地而异。世界各地的豇豆产区，有着各种各样的农业生态条件、土壤微气候、气候风险及社会经济背景，需要收集数据和信息以确定最佳行动方案，并根据当地需求调整做法，这一点至关重要。此手册提供的信息有利于帮助我们持续学习，促进未来政策的改进。各级利益相关者之间需要密切协调与合作，以营造有利的环境，使农民能够采取有针对性的措施，在面对气候变化时提高豇豆生产的能力、韧性和可持续性。

气候变化对豇豆生产系统造成的确切挑战仍不确定。这些挑战因地区而异，但可以肯定的是，对于已经着手应对重度粮食不安全的国家来说，气候变化带来的挑战尤为艰巨。然而，要克服这些挑战，仍有一条明确的解决之道。相关可行性做法包括采取因地制宜的有效农艺措施，如保护性农业、有效水源和养分管理以及害虫综合治理。这些做法将进一步提高种植改良豇豆品种所获得的收益。

3.7 参考文献

Abberton, M., Batley, J., Bentley, A., Bryant, J., Cai, H., Cockram, J., Costa de Oliveira, A., Cseke, L. J., Dempewolf, H., de Pace, C., Edwards, D., Gepts, P., Greenland, A., Hall, A. E., Henry, R., Hori, K., Howe, G. T., Hughes, S., Humphreys, M., &Yano, M. 2016. Global agricultural intensification during climate change: A role for genomics. *Plant Biotechnology Journal*, 14 (4): 1095 – 1098. https://doi.org/10.1111/pbi.12467.

Adati, T., Tamò, M., Yusuf, S. R., Downham, M. C. A., Singh, B. B. &Hammond, W. 2007. Integrated pest management for cowpea – cereal cropping systems in the West African savannah. *International Journal of Tropical Insect Science*, 27 (3 – 4), 123 – 137. https://doi.org/10.1017/S1742758407883172.

Addae, P. C., Ishiyaku, M. F., Tignegre, J. B., Ba, M. N., Bationo, J. B., Atokple, I. D. K., Abudulai, M., Dabiré – Binso, C. L., Traore, F., Saba, M., Umar, M. L., Adazebra, G. A., Onyekachi, F. N., Nemeth, M. A., Huesing, J. E., Beach, L. R., Higgins, T. J. V., Hellmich, R. L., Pittendrigh, B. R. &Peairs, F. 2020. Effifi cacy of a cry1Ab Gene for Control of Maruca vitrata (Lepidoptera: Crambidae) in Cowpea (Fabales: Fabaceae). *Journal ofEconomic Entomology*, 113 (2): 974 – 979. https://doi.org/10.1093/jee/toz367.

Agunbiade, T. A., Sun, W., Coates, B. S., Traore, F., Ojo, J. A., Lutomia, A. N., Bello – Bravo, J., Miresmailli, S., Huesing, J. E., Agyekum, M., Tamò, M. & Pittendrigh, B. R. 2018. Insect pests and integrated pest management techniques in grain legume cultivation. In S. Sivasankar, ed. *Achieving sustainable cultivation of grain legumes*, *Volume 1: Advances in breeding and cultivation techniques*, pp. 1 – 24. London, Burleigh Dodds Science Publishing.

Agegnehu, G. &Amede, T. 2017. Integrated Soil Fertility and Plant Nutrient Management in Tropical Agro – Ecosystems: A Review. *Pedosphere*, 27 (4): 662 – 680. https://doi.org/10.1016/S1002 – 0160 (17) 60382 – 5.

Ahamefule, E. H. &Peter, P. C. 2014. Cowpea (*Vigna unguiculata* L. Walp.) response to phosphorus fertilizer under two tillage and mulch treatments. Soil and Tillage Research, 136: 70 – 75. https://doi.org/10.1016/j.still.2013.09.012.

Ajeigbe, H. A., Mohammed, S. G., Adeosun, J. O. &Ihedioha, D. I. 2010. *Farmers' guide to increased productivity of improved legume – cereal cropping systems in the savannas of Nigeria*. Ibadan, IITA.

Ajetomobi, J. &Abiodun, A. 2010. Climate change impacts on cowpea productivity in Nigeria.

African Journal of Food，*Agriculture*，*Nutrition and Development*，10 (3). https：// doi. org/10. 4314/ajfand. v10i3. 54082.

Andow, D. A. 1991. Vegetational diversity and arthropod population response. *Annual Review of Entomology*，36 (1)：561 - 586. https：//doi. org/10. 1146/annurev. en. 36. 010191. 003021.

ARCC（African and Latin American Resilience to Climate Change）. 2014. *A Review of Fifteen Crops Cultivated in the Sahel*. USAID.

Ba, M. N. , Huesing, J. E. , Tamò, M. , Higgins, T. J. V. , Pittendrigh, B. R. &Murdock, L. L. 2018. An assessment of the risk of Bt - cowpea to non - target organisms in West Africa. *Journal of Pest Science*，91：1165 - 1179. https：//doi. org/10. 1007/s10340 - 018 - 0974 - 0.

Batley, J. &Edwards, D. 2016. The application of genomics and bioinformatics to accelerate crop improvement in a changing climate. *Current Opinion in Plant Biology*，30：78 - 81. https：//doi. org/10. 1016/j. pbi. 2016. 02. 002.

Belmain, S. &Stevenson, P. 2001. Ethnobotanicals in Ghana：Reviving and modernising age - old farmer practice. *Pesticide Outlook*，12，233 - 238. https：//doi. org/10. 1039/b110542f.

Bowman, G. , Shirley, C. &Cramer, C. 1998. *Managing Cover Crops Profitably*，second edition，Sustainable Agriculture Network.

Cairns, J. E. , Sonder, K. , Zaidi, P. H. , Verhulst, N. , Mahuku, G. , Babu, R. , Nair, S. K. , Das, B. , Govaerts, B. , Vinayan, M. T. , Rashid, Z. , Noor, J. J. , Devi, P. , San Vicente, F. &Prasanna, B. M. 2012. Maize production in a changing climate：impacts，adaptation，and mitigation strategies. *Advances in Agronomy*，114：1 - 58. https：// doi. org/10. 1016/B978 - 0 - 12 - 394275 - 3. 00006 - 7.

Cairns, J. E. , Hellin, J. , Sonder, K. , Araus, J. L. , MacRobert, J. F. , Thierfelder, C. &Prasanna, B. M. 2013. Adapting maize production to climate change in sub - Saharan Africa. *Food Security*，5 (3)：345 - 360. *https：//doi. org/10. 1007/s12571 - 013 -0256 - x*.

CGIAR. 2019. The genetic improvement of cowpea：Develop high - yielding varieties. In：*CGIAR：News*［online］.［Cited 18 June 2021］. https：//www. cgiar. org/news - events/ news/the - genetic - improvement - of - cowpea - develop - high - yielding varieties/.

Casas, N. M. 2017. *Crop weather and climate vulnerability profifi les*. Dublin，Concern Worldwide.

CONAB（Companhia Nacional de Abastecimento）. 2018. Observatório Agrícola - Acompanhamento da safra brasileira de grãos，Vol. 5 - SAFRA 2017/18 - No. 6 - Sexto levantamento Março 2018. Brasília.

Corsi, S, Friedrich, T. , Kassam, A. , Pisante, M. &de Moraes Sà, J. 2012. *Soil Organic Carbon Accumulation and Greenhouse Gas Emission Reductions from Conservation Agriculture：A review of evidence*. Integrated Crop Management，Vol. 16. Rome，FAO.

Dhankher, O. P. &Foyer, C. H. 2018. Climate resilient crops for improving global food security and safety. *Plant Cell and Environment*，41（5）：877 – 884. https：//doi. org/10. 1111/pce. 13207.

Dumet D. , Adeleke, R. &Faloye B. 2008. Regeneration guidelines：cowpea. In：M. E. , Dulloo，I. Thormann I. , M. A. Jorge&J. Hanson, eds. Crop specific regeneration guidelines [CD – ROM]. CGIAR System – wide Genetic Resource Programme, Rome, Italy.

Ekesi, S. , Akpa, A. D. , Onu, I. &Ogunlana, M. O. 2000. Entomopathogenicity of *Beauveria* bassiana and Metarhizium anisopliae to the cowpea aphid, *Aphis* ckoch (Homoptera：Aphididae). *Archives of Phytopathology and Plant Protection*，33（2）：171 – 180. https：//doi. org/10. 1080/03235400009383341.

FAO. 2012. Guidelines on Prevention and Management of Pesticide Resistance. Rome. （also available at www. fao. org/publications/card/en/c/8dcf273c – c907 – 4e71 – b5e5 – 8753a861 de87/）.

FAO. 2013. Climate – Smart Agriculture Sourcebook，first edition. Rome. （also available at www. fao. org/3/i3325e/i3325e. pdf）.

FAO. 2016. Save and grow in practice：maize, rice and wheat – A guide to sustainable cereal production. Rome. （also available at www. fao. org/policysupport/tools – and – publications/resources – details/en/c/1263072/）.

FAO. 2017. Climate – Smart Agriculture Sourcebook，second edition [online]. [Cited 18 June 2021] http：//www. fao. org/climate – smart – agriculture – sourcebook/about/en/.

FAO. 2019. Sustainable Food Production and Climate Change. （also available at www. fao. org/3/ca7223en/CA7223EN. pdf）.

FAO. 2020. What is Integrated Pest Management? In：FAO：*Plant Production and Protection Division* [online]. [Cited 18 June 2021]. http：//www. fao. org/agriculture/crops/thematic – sitemap/theme/spi/scpi – home/managingecosystems/integrated – pest – management/ipm – what/en/♯.

FAO. 2021. FAOSTAT. *In*：*FAO* [online]. [Cited 24 July 2020]. http：//faostat. fao. org.

Fatokun, C. A. , Togola, A. , Ongom, P. , Lopez, K. &Boukar, O. 2020. Cowpea receives more research support In：Research Program on Grain Legumes and Dryland Cereals：News Stories [online]. [Cited 15 August 2020]. https：//www. cgiar. org/news – events/news/cowpea – receives – more – research – support/.

Gaikwad, D. G. &Thottappilly, G. 1988. Occurrence of Southern Bean Mosaic Virus on Cowpea in Senegal. *Journal of Phytopathology*，121（4）366 – 369. https：//doi. org/10. 1111/j. 1439 – 0434. 1988. tb00981. x.

Gomez, C. 2004. *Cowpea：Post – harvest Operations*. Rome，FAO.

Guzzetti, L. , Fiorini, A. , Panzeri, D. , Tommasi, N. , Grassi, F. , Taskin, E. , Misci, C. , Puglisi, E. , Tabaglio, V. , Galimberti, A. &Labra, M. 2020. Sustainability perspectives of *Vigna unguiculata* L. Walp. cultivation under no tillage and water stress conditions. *Plants*，9（1）：48. https：//doi. org/10. 3390/plants9010048.

Hall，A. E. 2004. Breeding for adaptation to drought and heat in cowpea. *European Journal of Agronomy*，21（4）：447 - 454. https：//doi. org/10. 1016/j. eja. 2004. 07. 005.

Hall，A. E. 2012. Phenotyping cowpeas for adaptation to drought. *Frontiers in Physiology*，3：155https：//doi. org/10. 3389/fphys. 2012. 00155.

Hall，A E，Ismail，A. M.，Ehlers，J. D.，Marfo，K. O.，Cisse，N.，Thiaw，S. &Close，T. J. 2002. Breeding cowpea for tolerance to temperature extremes and adaptation to drought. In C. A. Fatokun，S. A. Tarawal，B. B. Singh，P. M. Kormawa，&M. Tamo，eds. *Challenges and opportunities for enhancing sustainable cowpea production：Proceedings of the world cowpea conference III held at IITA，Ibadan，Nigeria，4 - 8 September* 2000，pp. 14 - 21. Ibadan，Nigeria，IITA.

ICRISAT. 2020. Government and research bodies expand seeds support to over 10 000 Nigerian smallholders to shield agriculture from Covid - 19. In：*ICRISAT：ICRISAT Happenings Newsletter* [online]．[Cited 18 June 2021]．www. icrisat. org/government - and - research - bodies - expand - seeds - support/.

IITA. 2019. Cowpea. In：*IITA：Crops* [online]. [Cited 15 August 2020]. https：//www. iita. org/cropsnew/cowpea/.

Jackai，L. 1982. A fifi eld screening technique for resistance of cowpea（Vigna unguiculata）to the pod - borer Maruca testulalis（Geyer）（Lepidoptera：Pyralidae）. *Bulletin of Entomological Research*，72（1），145 - 156. https：//doi. org/10. 1017/S0007485300050379.

Jackai，L. 1990. Screening of Cowpeas for Resistance to Clavigralla tomentosicollis Stål（Hemiptera：Coreidae）. *Journal of Economic Entomology*，83（2）：300 - 305. https：//doi. org/10. 1093/jee/83. 2. 300.

Javaid，I.，Dadson，R. B.，Hashem，F. M.，Joshi，J. M. &Allen，A. L. 2005. Effect of insecticide spray applications，sowing dates and cultivar resistance on insect pests of cowpea in the Delmarva Region of the United States. *Journal of Sustainable Agriculture*，26：3，57 - 68. https：//doi. org/10. 1300/J064v26n03 _ 07.

Jayathilake，C.，Visvanathan，R.，Deen，A.，Bangamuwage，R.，Jayawardana，B. C.，Nammi，S. &Liyanage，R. 2018. Cowpea：an overview on its nutritional facts and health benefifi ts. In *Journal of the Science of Food and Agriculture*，98（13）；4793 - 4806. https：//doi. org/10. 1002/jsfa. 9074.

Kamara，A. Y.，Omoigui，L. O.，Kamai，N.，Ewansiha，S. U. &Ajeigbe，H. A. 2018. *Improving cultivation of cowpea in West Africa.* In S. Sivasankar，D. Bergvinson，P. M. Gaur，S. Kumar，S. Beebe，&M. Tamo，eds. *Achieving sustainable cultivation of grain legumes. Volume* 2：*Improving cultivation of particular grain legumes*，pp. 235 - 252. Burleigh Dodds Series in Agricultural Science（36）. Cambridge，UK，Burleigh Dodds Science Publishing Limited. https：//doi. org/10. 19103/as. 2017. 0023. 30.

Karungi，J.，Adipala，E.，Ogenga - Latigo，M. W.，Kyamanywa，S. &Oyobo，N. 2000. Pest management in cowpea. Part 1. Inflfl uence of planting time and plant density on cowpea fifi eld pests infestation in eastern Uganda. *Crop Protection*, 19（4）: 231 - 236. https: //doi. org/10. 1016/S0261 - 2194（00）00013 - 2.

Kéita, S. M. , Vincent, C. , Schmit, J. P. , Arnason, J. T. &Bélanger, A. 2001. Efficacy of essential oil of Ocimum basilicum L. and O. gratissimum L. applied as aninsecticidal fumigant and powder to control Callosobruchus maculatus（Fab.）［Coleoptera: Bruchidae］. *Journal of Stored Products Research*, 37（4）: 339 - 349. https: //doi. org/10. 1016/S0022 - 474X（00）00034 - 5.

Kole, C. , Muthamilarasan, M. , Henry, R. , Edwards, D. , Sharma, R. , Abberton, M. , Batley, J. , Bentley, A. , Blakeney, M. , Bryant, J. , Cai, H. , Cakir, M. , Cseke, L. J. , Cockram, J. , de Oliveira, A. C. , de Pace, C. , Dempewolf, H. , Ellison, S. , Gepts, P. , Greenland, A. , Hall, A. , Hori, K. , Howe, G. T. , Hughes, S. , Humphreys, M. W. , Iorizzo, M. , Ismail, A. M. , Marshall, A. , Mayes, S. , Nguyen, H. T. , Ogbonnaya, F. C. , Ortiz, R. , Paterson, A. H. , Simon, P. W. , Tohme, J. , Tuberosa, R. , Valliyodan, B. , Varshney, R. K. , Wullschleger, S. D. , Yano, M. &Prasad, M. 2015. Application of genomics - assisted breeding for generation of climate resilient crops: Progress and prospects. *Frontiers in Plant Science*, 6: 563. https: //doi. org/10. 3389/fpls. 2015. 00563.

Kukal, S. S. , Rasool, R. &Benbi, D. K. 2009. Soil organic carbon sequestration in relation to organic and inorganic fertilization in rice - wheat and maize - wheat systems. *Soil and Tillage Research*, 102（1）: 87 - 92. https: //doi. org/10. 1016/j. still. 2008. 07. 017.

Kulkarni, K. P. , Tayade, R. , Asekova, S. , Song, J. T. , Shannon, J. G. &Lee, J. D. 2018. Harnessing the potential of forage legumes, alfalfa, soybean, and cowpea for sustainable agriculture and global food security. *Frontiers in Plant Science*. 9: 1314. https://doi. org/10. 3389/fpls. 2018. 01314.

Kurukulasuriya, P. &Mendelsohn, R. 2006. *Crop selection: adapting to climate change in Africa*. CEEPA *Discussion Paper No.* 26. Centre for Environmental Economics and Policy in Africa, University of Pretoria.

Lucas, M. R. , Ehlers, J. D. , Huynh, B. L. , Diop, N. N. , Roberts, P. A. &Close, T. J. 2013. Markers for breeding heat - tolerant cowpea. *Molecular Breeding*, 31: 529 - 536. https: //doi. org/10. 1007/s11032 - 012 - 9810 - z.

Moroke, T. S. , Schwartz, R. C. , Brown, K. W. &Juo, A. S. R. 2011. Water use efficiency of dryland cowpea, sorghum and sunflower under reduced tillage. *Soil and Tillage Research*, 112（1）: 76 - 84. https: //doi. org/10. 1016/j. still. 2010. 11. 008.

Mosier, A. , Syers, J. K. &Freney, J. R. 2013. *Agriculture and the nitrogen cycle: assessing the impacts of fertilizer use on food production and the environment*. SCOPE Report, No. 65. Washington, D. C. , Island Press.

Mousavi - Derazmahalleh, M. , Bayer, P. E. , Hane, J. K. , Valliyodan, B. , Nguyen, H. T. , Nelson, M. N. , Erskine, W. , Varshney, R. K. , Papa, R. &Edwards, D.

2019. Adapting legume crops to climate change using genomic approaches. *Plant Cell and Environment*．，42（1）：6–19. https：//doi. org/10. 1111/pce. 13203.

Oghiakhe, S. , Jackai, L. E. N. &Makanjuola, W. A. 1995. Evaluation of cowpea genotypes for fifi eld resistance to the legume pod borer，Maruca testulalis，in Nigeria. *Crop Protection*，14（5）：389–394. https：//doi. org/10. 1016/0261–2194（95）98 918–L.

Opolot, H. N. , Agona, A. , Kyamanywa, S. , Mbata, G. N. &Adipala, E. 2006. Integrated field management of cowpea pests using selected synthetic and botanical pesticides. *Crop Protection*，25（11）：1145–1152. https：//doi. org/10. 1016/j. cropro. 2005. 03. 019.

Paul, A. 2020. Legume Farmer Fab Labs Design Seeds That Work For Family Farms，Women And The Market. In：ICRISAT：*ICRISAT Happenings Newsletter*［online］. ［Cited 18 June 2021］. https：//www. icrisat. org/legumefarmer–fab–labs–design–seeds–that–work–for–family–farms–women–and–the–market/.

Plaza–Bonilla, D. , Cantero–Martínez, C. , Bareche, J. , Arrúe, J. L. , Lampurlanés, J. &álvaro–Fuentes, J. 2017. Do no–till and pig slurry application improve barley yield and water and nitrogen use efficiencies in rainfed Mediterranean conditions? *Field Crops Research*，203：74–85. https：//doi. org/10. 1016/j. fcr. 2016. 12. 008.

Pradhan, A. , Chan, C. , Roul, P. K. , Halbrendt, J. &Sipes, B. 2018. Potential of conservation agriculture（CA）for climate change adaptation and food security under rainfed uplands of India：A transdisciplinary approach. *Agricultural Systems*，163：27–35. https：//doi. org/10. 1016/j. agsy. 2017. 01. 002.

Raja, N. , Albert, S. , Ignacimuthu, S. &Dorn, S. 2001. Effect of plant volatile oils in protecting stored cowpea Vigna unguiculata（L. ）Walpers against Callosobruchus maculatus（F. ）（Coleoptera：Bruchidae）infestation. *Journal of Stored Products Research*，37（2）：127–132. https：//doi. org/10. 1016/S0022–474X（00）00014–X.

Sánchez–Navarro, V. , Marcos–Pérez, M. &Zornoza, R. 2020. A comparison between vegetable intercropping systems and monocultures in greenhouse gas emissions under organic management. *22nd European Geosciences Union（EGU）General Assembly*，*held online* 4–8 *May*，2020.

Sangakkara, U. R. , Frehner, M. &Nösberger, J. 2001. Influence of soil moisture and fertilizer potassium on the vegetative growth of mungbean（Vigna radiata L. Wilczek）and cowpea（Vigna unguiculata L. Walp. ）. *Journal of Agronomy and Crop Science*，186（2）：73–81. https：//doi. org/10. 1046/j. 1439–037X. 2001. 00433. x.

Sapkota, T. B. , Jat, M. L. , Aryal, J. P. , Jat, R. K. &Khatri–Chhetri, A. 2015. Climate change adaptation，greenhouse gas mitigation and economic profitability of conservation agriculture：Some examples from cereal systems of Indo–Gangetic Plains. *Journal of Integrative Agriculture*，14（8）：1524–1533. https：//doi. org/10. 1016/S2095–3119（15）61093–0.

Sapkota, T. B. , Jat, R. K. , Singh, R. G. , Jat, M. L. , Stirling, C. M. , Jat, M. K. ,

71

Bijarniya, D., Kumar, M., Yadvinder - Singh, Y. S., Saharawat, Y. S. &Gupta, R. K. 2017. Soil organic carbon changes after seven years of conservation agriculture in a rice - wheat system of the eastern Indo - Gangetic Plains. *Soil Use and Management*, 33 (1): 81 - 89. https: //doi. org/10. 1111/sum. 12331.

Semenov, M. A. &Halford, N. G. 2009. Identifying target traits and molecular mechanisms for wheat breeding under a changing climate. *Journal of Experimental Botany*, 60 (10): 2791 - 2804. https: //doi. org/10. 1093/jxb/erp164.

Singh, B. B. &Tarawali, S. A. 1997. Cowpea and its improvement: key to sustainable mixed crop/livestock farming systems in West Africa. In C. Renard, ed., *Crop Residues in Sustainable Mixed Crop/Livestock Farming Systems*, pp. 79 - 100. ICRISAT.

Singh, B. B., Ajeigbe, H. A., Tarawali, S. A., Fernandez - Rivera, S. &Abubakar, M. 2003. Improving the production and utilization of cowpea as food and fodder. *Field Crops Research*, 84 (1 - 2): 169 - 177. https: //doi. org/10. 1016/S0378 - 4290 (03) 00148 - 5.

Singh, B. B. &Ajeigbe, H. 2007. Improved cowpea - cereals - based cropping systems for household food security and poverty reduction in West Africa. *Journal of Crop Improvement*, 19 (1 - 2): 157 - 172. https: //doi. org/10. 1300/J411v19n01 _ 08.

Singh, B. B.., Musa, A., Ajeigbe, H. A. &Tarawali, S. A. 2011. Effect of feeding crop residues of different cereals and legumes on weight gain of Yankassa rams. *International Journal of Livestock Production*, 2 (2): 17 - 23.

Singh, B. B. 2014. *Cowpea: The Food Legume of the 21st Century*. Madison, Wisconsin, USA, Crop Science Society of America. https: //acsess. onlinelibrary. wiley. com/doi/book/10. 2135/2014. cowpea.

Singh, B. B. 2016. Genetic enhancement for yield and nutritional quality in cowpea [Vigna unguiculata (L.) Walp.]. *Indian Journal of Genetics and Plant Breeding*, 76 (4): 568 - 582. https: //doi. org/10. 5958/0975 - 6906. 2016. 00073. 0.

Sivasankar, S., ed. 2018. *Achieving sustainable cultivation of grain legumes, Volume 1: Advances in breeding and cultivation techniques*. London, Burleigh Dodds Science Publishing. https: //doi. org/10. 1201/9781351114424.

Timko, M. P. &Singh, B. B. 2008. Cowpea, a Multifunctional Legume. In P. H. Moore, R. Ming, eds. *Genomics of Tropical Crop Plants, Plant Genetics and Genomics: Crops and Models, vol 1*, pp 227 - 258. New York, NY, Springer.

Tumuhaise, V., Ekesi, S., Mohamed, S. A., Ndegwa, P. N., Irungu, L. W., Srinivasan, R. &Maniania, N. K. 2015. Pathogenicity and performance of two candidate isolates of Metarhizium anisopliae and Beauveria bassiana (Hypocreales: Clavicipitaceae) in four liquid culture media for the management of the legume pod borer Maruca vitrata (Lepidoptera: Crambidae). *International Journal of Tropical Insect Science*, 35 (1): 34 - 47. https: //doi. org/10. 1017/S1742758414000605.

Ulzen, J., Abaidoo, R. C., Ewusi - Mensah, N. &Masso, C. 2019. Combined application of inoculant，phosphorus and organic manure improves grain yield of cowpea. *Archives of Agronomy and Soil Science*，6610)：1358 - 1372. https：//doi. org/10. 1080/03650340. 2019. 1669786.

Wyckhuys, K. A. G. , Lu, Y. , Morales, H. , Vazquez, L. L. , Legaspi, J. C. , Eliopoulos, P. A. &Hernandez, L. M. 2013. Current status and potential of conservation biological control for agriculture in the developing world. *Biological Control*，65 (1)：152 - 167. https：//doi. org/10. 1016/j. biocontrol. 2012. 11. 010.

Yusuf S. R. 2005. Infestation and damage by *Maruca vitrata* Fabricius (Lepidoptera：Pyralidae) on some cowpea lines under different cropping systems in Kano，Nigeria. Abubakar Tafawa Balewa University，Bauchi. (PhD thesis).

第4章
可持续玉米生产

生产系统适应气候条件变化并减少环境影响

H. Jacobs、S. Corsi、C. Mba、M. Taguchi、J. Kienzle、H. Muminjanov、B. Hadi、F. Beed、P. Lidder和H. Kim

©粮农组织/Marco Salustro

©粮农组织/Sergey Kozmin

4.1 引言

玉米是世界上种植范围最广泛的作物之一，其适应性强，用途广，可作为食物、饲料，以及纤维制品和燃料的原材料。玉米对粮食安全至关重要，特别是对于发展中国家而言。世界不同地区均已发现气候变化对玉米产量的负面影响。这些影响预计将变得更加明显，并将对农民生计和粮食安全产生深远影响。本章介绍了适应和减缓气候变化的方法，有助于玉米生产向更可持续、更有韧性的系统转型；同时还强调了以上方法与《2030年可持续发展议程》之间的协同效应。为了确保农民能够了解并广泛采用此类气候智慧型农业耕作方法，强有力的政治承诺、配套的支持性机构和投资是必不可少的。这类方法的广泛采用将有利于提高玉米产量，带来更稳定的收入，确保粮食安全，并有助于建立有韧性、可持续和（温室气体）低排放的粮食体系。

玉米（*Zea mays*）是世界上最重要的谷物之一。这种多用途作物可作为食品、饲料及用于各种工业加工。玉米是可供人类直接食用的粮食作物，其重要性仅次于小麦和水稻。在发达国家，70％以上的玉米用作动物饲料，只有3％供人们食用。这与撒哈拉以南非洲地区的情况形成鲜明对比，那里77％的玉米供人食用，只有12％的玉米被用作饲料（Shiferaw 等，2011）。

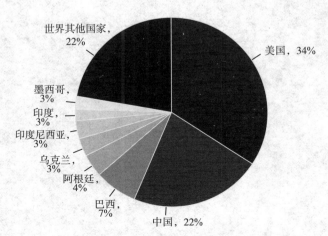

图 4-1　2018 年各国玉米产量占比（％）

资料来源：粮农组织，2021。

在撒哈拉以南非洲的大部分地区，玉米是重要的主食。2017年，在南部非洲，人们消耗的热量平均30%来自玉米（粮农组织，2021）。

玉米是世界上产量最高、贸易量最大的作物之一。然而，全球大部分的玉米供应却来自为数不多的几个国家。2018年，玉米产量排名靠前的国家依次是美国、中国、巴西、阿根廷、乌克兰、印度尼西亚、印度和墨西哥（图4-1）。2018年，全球玉米种植面积为1.94亿公顷，总产量约12亿吨（粮农组织，2021）。

2010—2050年，发展中国家对玉米的需求量预计将翻一番（Shiferaw等，2011；Nelson等，2010）。显然，玉米生产事关全世界数百万小农户和消费者，对其粮食和营养安全至关重要。

本书是《气候智慧型农业（CSA）资料手册》（粮农组织，2017）的配套指南，概述了不同气候变化情景下玉米生产系统的最佳实践方法，旨在为政策制定者、研究人员和其他致力于可持续作物生产集约化的组织和个人提供参考。本书以通俗易懂的语言和案例，逐一介绍了可操作的干预措施，可用于提高或维持气候变化威胁下玉米生产系统的生产力。

本书介绍的可持续玉米生产策略涉及气候智慧型农业的三大支柱：持续性提高农业生产力和收入；加强适应和抵御气候变化的能力；尽可能减少或避免温室气体排放。这些策略既可以使玉米生产系统适应因气候条件变化而增加的生物和非生物胁迫，又可以减少此类系统造成的温室气体排放。这份围绕玉米而撰写的概况是气候智慧型农业系列作物概况之一。

©粮农组织/Sergey Kozmin

4.2 气候变化对玉米生产的影响及预测

玉米是一种多用途的一年生作物，具有广泛的遗传多样性。玉米的高产杂交品种对各种气候条件具有不同程度的适应性。玉米可生长在南纬 40°至北纬 52°之间的一系列农业气候带；从海平面至海拔 3 800 米以下皆可种植。适宜温度为 21～30℃，以 25～30℃为最佳。据估计，1981—2010 年，全球玉米产量平均下降了 4.1%（Iizumi 等，2018）。然而，其产量变化具有明显的地域特征，预计中高纬度地区的玉米产量会增加，而低纬度地区的产量则会下降。相比降水量减少 20%的情况，若温度升高 2℃，撒哈拉以南非洲的玉米产量将会出现更大幅度的下降（Lobell 等，2011）。

Tigchelaar 等人（2018）测定，除少数地区（如西欧和中国的某些地区）外，随着气温升高 2℃，各地的玉米产量均会下降。美国东南部、东欧和非洲东南部的产量下降将尤为明显。

> 玉米产量的减少，特别是在发展中国家，可能会降低小农户的收入（具体目标 2.3），对地方和国家粮食安全造成影响（可持续发展目标 2，具体目标 2.1 和 2.2）。产量减少还会妨碍消除贫困（可持续发展目标 1）和减少不平等现象（可持续发展目标 10），特别会影响到最脆弱和边缘化的社会成员，包括农民。

气候变暖提高了害虫的代谢率，导致其数量增长，以植物为食的害虫（草食性害虫）可能会造成更大的产量损失。与目前的损失相比，若气温升高 2℃，因虫害造成的玉米产量损失中位数将增加 31%。未来新增损失的全球分布并不均匀，预计温带地区的产量损失会更大（Deutsch 等，2018）。

粮农组织在 2018 年发布的一份报告预测，与 2012 年相比，到 2050 年，气候变化将导致全球粮食作物产量下降 5%（粮农组织，2018）。（该预测未将潜在的二氧化碳施肥效应纳入考虑范围，即未考虑到大气中二氧化碳含量增加所导致的光合作用速率加快）。粮食作物产量下降预计将对发展中国家造成更大的影响。最近的研究表明，全球平均气温每升高 1℃，玉米或许都是产量损失最大的作物（Zhao 等，2017）。4 个主要玉米生产国占全球玉米产量的2/3，气温变化对其产量影响预计如下：美国——每摄氏度：－10.3%至＋5.4%；中国——每摄氏度：－8.0%至＋6.1%；巴西——每摄氏度：－5.5%至＋4.5%；印度——每摄氏度：－5.2%至＋4.5%。

玉米生产受气候变化的影响。玉米生产既受气候变化的影响，同时也会造成温室气体排放。在玉米生产系统中，主要的温室气体排放源与传统的作物生产方式密不可分，其中包括：传统耕作——导致土壤有机碳的损失；氮肥和农药的使用——导致非二氧化碳温室气体（如一氧化二氮）的排放，以及造成各类直接排放的农业作业（如灌溉的电力消耗和农业机械的燃料消耗）。上述影响及其减缓方法将在第 4.3 节进行讨论。

©粮农组织/Lekha Edirisinghe

4.3 适应气候变化的方法

气温升高、降水规律的改变、玉米害虫分布模式的变化以及更加频发和愈发极端的天气事件（如热浪和气旋）等，都是气候变化过程中玉米种植者要面临的挑战。玉米生产系统需要增强对气候灾害的抵御能力，同时玉米种植者也需要增强自身对气候变化的适应能力。这一领域的进展将有助于实现可持续发展目标 13（气候行动），特别是具体目标 13.1。实现这些目标的主要方法包括发展保护性农业、采用改良的作物和品种、开展水源有效管理和实施害虫综合治理。配套的政策和相关立法将有助于推动农民采用上述气候智慧型做法。推广服务和气候信息服务，以及农民获得特定技术和资金投入的渠道也至关重要。此外，制度安排也必不可少。为地方种子系统提供支持的公私合作关系，使小农户能够获得负担得起的改良种子，而这种公私合作关系就是一种所需的制度安排。

粮农组织与相关国家开展合作，致力于减少气候变化对作物生产力的影响以及作物生产系统对气候变化的影响。根据该领域的经验教训，粮农组织（2019）提出了一种适应和减缓气候变化的四步法（图 4-2）：

1）评估气候风险；

2）优先考虑农民需求；

3）确定农事方案；

4）推广成功干预措施。

图 4 - 2 "节约与增长"模式

资料来源：粮农组织，2019。

在"节约与增长"模式中，粮农组织依靠第三步来实现可持续的作物生产集约化。"节约与增长"模式涵盖了一系列做法，如发展保护性农业、采用改良的作物和品种、开展有效的水源管理和实施害虫综合治理。本节将详细介绍以上做法在玉米生产系统中的应用。

4.3.1 保护性农业

保护性农业是一种可持续的农艺管理系统，综合运用免耕或少耕、用地膜或覆盖作物覆盖土壤表面，以及作物生产多样化等多种手段（Cairns 等，2013；粮农组织，2016，2017）。农业机械会扰动土壤，使有机物快速分解，降低土壤肥力，破坏土壤结构。

> 增强农业土壤的水分调节能力可以提高用水效率（具体目标 6.4），改善水质（具体目标 6.3），使更多的人能够获得安全饮用水（具体目标 6.1），最终有助于确保水资源的可用性和可持续管理（可持续发展目标 6）。

81

行动措施

免耕或直接播种是指在没有机械准备苗床的情况下，通过在前茬作物的残茬上钻孔或开辟一条种子线来精确播种玉米种子。这种方法可以提高土壤有机质含量（Sapkota 等，2017），改善水分的渗透和保持，提高水分利用效率，减少土壤侵蚀（Sapkota 等，2015）。值得推荐的可持续机械化设备包括两轮拖拉机、针式播种机和机械化直接播种机（Sims，Kienzle，2015；粮农组织，2016）。

改善养分管理、防止水土流失以及种植和耕作系统的多样化都有助于建立更可持续、更有韧性的粮食体系（具体目标2.4），并有助于确保陆地和内陆淡水生态系统及其服务的保护、恢复和可持续利用（具体目标15.1）。多样化也是实现更高水平经济生产力的一种策略（具体目标8.2）。最大限度降低化肥使用造成的养分损失，有助于减少陆地活动造成的海洋污染（具体目标14.1）。

土壤表面的覆盖作物和地膜可以保持土壤水分，减少土壤侵蚀，增加水分渗透性，抑制杂草生长。同时种植固氮的绿肥覆盖作物可最大限度地固氮，提高氮的利用效率，从长远来看，可以减少农民对外部投入品的使用。不同的绿肥覆盖作物品种，如可食用和不可食用的多年生、两年生和一年生豆科植物，可以组合使用，以保持作物养分供应并加强整个生产系统。

作物残茬分解缓慢，而促进分解过程的微生物需要氮，因此保护性农业使氮暂时无法进入土壤，不能被植物利用（Verhulst 等，2014；Vanlauwe 等，2014）。在转向保护性农业后的头几年，农民可以通过增加氮肥（矿物氮肥或有机氮肥）的施用量来弥补这一缺点。

提倡作物生产多样化，避免玉米单作和连作。在玉米生产系统中，必须向土壤中补充大量的氮，其中部分氮可以通过在轮作中种植豆类作物来提供。连续种植不同的作物可以减少并防止洪涝和干旱造成的土壤侵蚀；控制杂草和病虫害；减少对化肥和除草剂的需求。作物种类和品种及其组合应适应每个耕作系统。豆类作物（如绒毛豆、豇豆、木豆、鹰嘴豆、蔓菜豆和大豆）与玉米轮作，可以使土壤富氮，提高作物产量。在温带和亚热带地区，玉米-豆类耕作系统既适用于雨养栽培，也适用于灌溉栽培。这类系统可以通过以下三种常用方法来实施。

- **间作**，即在同一行中同时种植玉米和豆科植物，或隔行交替种植；
- **套作**，即在不同的日期播种玉米和豆科植物，但在其生命周期的某一阶段一起栽培；
- **轮作**，即在豆科植物收割后再种植玉米。

生产系统多样化

针对专门作物的耕作系统，可以采取相应措施来使其适应不断变化的气候条件。除此之外，通过整合牲畜和树种使生产多样化也是应对气候变化的普遍做法，特别是在小规模农业系统中。将作物种植、牲畜生产和农林复合经营相结合的农业系统在热带地区十分常见。作物-畜牧一体化系统生产了全球90%以上的奶品和80%的反刍动物肉类（Herrero 等，2013）。此类系统还供应了发展中国家消耗的大部分粮食作物，占其玉米、水稻、高粱和小米消耗量的41%至86%，另外，还供应了75%的奶品和60%的肉类（Herrero 等，2010）。拉丁美洲的玉米-畜牧一体化系统就是此类系统的范例，该系统中还种植了臂形草（插文7）。

> ### ➡ 插文7 拉丁美洲的玉米-畜牧一体化系统
>
> 拉丁美洲的许多畜牧业者采用了一种可持续的畜牧业生产系统，将草料与谷物生产相结合，以提高饲料的产量和质量，同时提高反刍动物的生产力。巴西农民正将臂形草纳入玉米免耕直播系统，以取代大豆的单一种植。臂形草在贫瘠土壤中生长良好，耐大量放牧，且抗病虫害。臂形草的根系发达，可以恢复土壤结构，并有助于防止土壤压实。种植臂形草的免耕系统每年可生产三种谷类作物。这些牧草在旱季产生大量的生物质，可用作饲料和绿肥。臂形草与玉米套作可以使整个农田得到更好的利用，减缓牧场退化。
>
> 资料来源：粮农组织，2016。

4.3.2 改良玉米作物与品种

事实证明，种植具有气候适应性的玉米品种可以提高作物产量，减少产量变异，最终改善粮食安全和营养供应（Cairns，Prasanna，2018）。在过去十年间，在开发具有气候适应性的玉米品种方面，已经取得了重大进展。例如，南亚地区已经开发并上市了优良的耐热玉米品种，撒哈拉以南的13个国家已经销售了超过7万吨的耐旱玉米品种种子（Cairns，Prasanna，2018）。

有必要在玉米育种过程中采用现代化工具和育种策略，提高育种的速度、精度和效率（Cairns and Prasanna，2018）。加强各类种子系统建设也十分重要，农民从正式和非正式种子系统获得玉米等重要粮食安全作物的种子（粮农组织，2017）。农民的购买能力和购买渠道往往有限。因此，需要为种子企业，特别是为面向资源贫乏的农民的社区企业，提供有关新品种的信息。还必须为

©粮农组织/Rodger Bosch

这些企业提供充足、可靠的早代种子（育种家种子和原种），以便其能够以可承受的价格及时向农民供应改良品种（Atlin 等，2017；Cairns 和 Prasanna，2018）。另外，还需要出台配套的政府政策及种子法（Cairns 和 Prasanna，2018）。

行动措施

根据气候特点育种是各类型农场的一项重要适应性措施。过去三十年中，气候明显逐年变暖，旧品种越来越不适合当前的气候条件（Atlin 等，2017）。应对这一制约因素的方法之一就是缩短育种周期，以便加快改良品种的开发（Atlin 等，2017；Cairns 和 Prasanna，2018）。小农户种植的玉米品种类型存在很大差异。在非洲南部和东部，以杂交品种为主，在加纳和尼日利亚，杂交品种的采用范围也在迅速扩大。在南部非洲和拉丁美洲，许多农民同时种植几个玉米品种，包括杂交品种和自由授粉品种。在选定应培育的气候适应性品种（即杂交品种与自由授粉品种）时，必须以该地区或国家的普遍耕作方式为依据。

> 在植物育种中使用地方品种和作物野生近缘种，有助于保持栽培植物的遗传多样性（具体目标2.5）。

建立公私合作关系以改善种子供应正变得愈发重要。玉米杂交品种的种子通常由私营部门生产，而自由授粉品种的种子则由非政府组织和社区组织生产（粮农组织，2016）。巴西、中国和国际玉米小麦改良中心（CIMMYT）建立了公私合作关系，向私营部门提供改良的玉米品系，用于生产和销售杂交种子，以换取资金或其他研究支持（粮农组织，2016）。由国际玉米小麦改良中心领导的伙伴关系已经在非洲成功运作了数年（插文8）。

改变玉米品种或转移其他作物。转而种植更能适应气候压力的玉米品种是一种有效的气候变化适应策略。然而，在某些情况下，可能也有必要考虑种植不同的新作物。例如，在非洲东部和南部，木薯是玉米的潜在替代品，因为其可以在贫瘠土壤中生长，并且耐高温和干旱（Jarvis 等，2012）。

> **➡ 插文8　为改良玉米品种而建立的伙伴关系**
>
> 由国际玉米小麦改良中心和国际热带农业研究所联合实施的"非洲耐旱玉米项目"和"非洲抗逆玉米项目"，导致了撒哈拉以南非洲地区几种改良玉米品种的开发和商业化。在中度干旱胁迫下，粮食产量每公顷至少增加了一吨。除耐旱性外，这些新品种和杂交品种还对撒哈拉以南非洲地区影响玉米的主要疾病具有抗性。非洲耐旱玉米项目和非洲抗逆玉米项目增强了非洲种子公司和国家研究机构的能力。通过这些项目，政府官员能够参与政策对话，从而推动发展竞争性的种子市场，让生产者以负担得起的价格获得更多的优质种子。"玉米小麦改良的遗传增益加速项目（Accelerated Genetic Gains for Maize and Wheat Improvement，简称 AGG）"于2020年4月启动，该项目是在非洲耐旱玉米项目和非洲抗逆玉米项目建立的基础上开展的。
>
> 有关非洲耐旱玉米项目的信息，请访问：
> www. cimmyt. org/projects/drought - tolerant - maize - for - africa - dtma/。
> 有关非洲抗逆玉米项目的信息，请访问：
> www. cimmyt. org/projects/stress - tolerant - maize - for - africa - stma/。

4.3.3　有效的水源管理

玉米在生长季节通常需要 500～1 200 毫米的降水量。玉米是雨养作物，因此极易受到降水和温度波动的影响。特别是当气温较高时，水分蒸发加速，水分损失增多，降水模式变化就会对作物生长产生尤为明显的影响。要适应这些变化，需综合运用有效的农艺和土壤管理做法，如保留作物表面的残茬和减少耕作；（尽可能）更好地利用灌溉技术；实现地表和地下水资源的均衡利用。

> 玉米种植系统的有效水源管理可以通过有效的灌溉技术和管理方式来实现，有助于确保水资源的可持续管理（可持续发展目标6），特别是有助于提高用水效率（具体目标6.4）。

行动措施

改变种植日期。气候变化加速，生长季节开始和结束的时间发生变化，种植日期也要随之改变。除此之外，还可以培育新品种，以应对生长季节长度的变化，或避免水分和温度水平不适合作物发育阶段的情况出现（粮农组织，2017）。

宽垄沟。针对雨养地区的玉米种植，国际玉米小麦改良中心和国际半干旱热带作物研究所（ICRISAT）提倡采用能提高水分生产率的固定道垄作。这种"宽垄沟"系统是一种土壤和水分保持及排水技术，适用于雨季经常积水的黏土。该系统使用精密播种机在倾斜的垄道上种植作物，可以节约用水，将多余的径流导入蓄水池供以后使用。

保护性农业措施（见第二部分）可用于提高持水能力，减少蒸发损失。保持充足的土壤有机物水平，还有助于提高水分生产力（粮农组织，2016）。

4.3.4 害虫综合治理

病虫害

对玉米危害最大的几类病虫害是南方锈病、草地贪夜蛾、镰刀菌和赤霉菌茎腐病、非洲玉米螟，以及病毒性疾病（如玉米致命性坏死病）。在撒哈拉以南非洲和亚洲地区，降雨量和湿度的增加预计会造成玉米真菌性病害爆发次数更多，严重程度更大，危害范围更广（粮农组织，2016）。气温升高会导致害虫的摄食能力增强、种群数量增加（Deutsch 等，2018）。此外，随着温度升高，一些主要玉米害虫的分布范围可能会扩大（Diffenbaugh 等，2008；Kocmánková 等，2011）。

害虫综合治理强调尽量减少有害化学农药的使用，有助于陆地生态系统的可持续管理（具体目标15.1），并减少陆地活动对海洋的污染（具体目标14.1）。

害虫综合治理的成功实施，可以预防可能严重损害作物并导致饥荒的虫害，有助于实现具体目标2.1。

害虫综合治理有助于实现化学品在整个存在周期的无害化环境管理，减少它们排入大气以及渗漏到水和土壤中的概率，从而最大限度地减少对人类健康和环境的影响（具体目标12.4）。

害虫综合治理还可以减少因空气、水和土壤污染而引起的疾病，从而有益于人类健康（具体目标3.9）。

行动措施

害虫综合治理（IPM）是一种针对作物生产和作物保护的生态系统方法，也是为了应对农药的大范围滥用。在开展 IPM 时，农民选择基于实地观察的自然方法来管理害虫。这些方法包括生物防治（即借助害虫天敌）、选种抗虫性品种、改变栖息地和改进栽培方式（即从种植环境中去除或引入某些元素以降低环境对害虫的适宜性）。而理性、安全地喷洒经严格筛选的农药应作为兜底方式（粮农组织，2016）。IPM 充分利用自然害虫管理机制来维持害虫与其天敌之间的平衡。非化学方法包括选种抗性品种；操控农田周围的栖息地，为害虫的天敌提供额外的食物和庇护所（Wyckhuys 等，2013）；在玉米叶和玉米须上涂抹矿物油或食用油；对草地贪夜蛾施用生物杀虫剂。此外，行间耕作可以有效地防控杂草，并有助于土壤保持水分（粮农组织，2017）。

《非洲草地贪夜蛾：虫害综合防治指南》（Prasanna 等，2018）是一本防治草地贪夜蛾的重要指南，汇编了目前可行的草地贪夜蛾防治策略，且已经过科学验证。目前迫切需要提高农业社区对草地贪夜蛾生命周期的认识，包括侦察草地贪夜蛾及其天敌；正确掌握其所处的生命周期，以进行防控；实施低成本的农艺措施和其他景观管理措施，以实现虫害的可持续管理。上述策略的提出是基于巴西和美国的科学研究和实地经验之上，两国均具有应对草地贪夜蛾虫害的实际经验。鉴于目前有关非洲草地贪夜蛾防控方法有效性的证据大多是初步的，因此，该指南介绍的最佳防治策略要么是在非洲已经得到验证的（插文 9），要么是正在验证的。该指南定期更新，今后将继续介绍非洲在草地贪夜蛾防控方面快速积累的经验，有助于利用新的知识和工具，扩充和完善当地的害虫综合治理方法。

⊙ 插文 9　"推拉系统"

东非率先提出的害虫综合治理"推拉系统"已在埃塞俄比亚、肯尼亚、乌干达和坦桑尼亚得到采用。该系统利用了作物耕作系统内部复杂的化学相互作用，将玉米与豆科植物山蚂蟥间作，并在田地周围种植象草作为边界。山蚂蟥产生的化学物质可以吸引螟虫的天敌，螟虫是一种本地蛾的幼虫，也是危害最大的玉米害虫之一。山蚂蟥产生的化学物质向飞蛾发出了一种虚假的求救信号，表明该地区已有虫害入侵，将飞蛾"推"向食物竞争较小的地方产卵。象草产生的化学物质会将飞蛾"拉"向它们，并释放出一种黏性物质，在飞蛾幼虫进食草茎时将其困住。象草还能吸引螟虫的捕食者。该方法还可用山蚂蟥作为"假宿主"，防控寄生杂草独脚金。事实证明，与玉米单作系统相比，推拉系统的效果极好。该系统还能够提供土壤覆盖物，保持土壤水分并防止土壤侵蚀。

资料来源：粮农组织，2016。

4.4　减缓气候变化的方法

玉米生产系统中存在一系列支持减缓气候变化的方案，此类方案有助于全球实现可持续发展目标 13，尤其是按照可持续发展目标 13.2.2（减少国家温室气体排放）的标准来看。玉米生产系统减缓策略的可用方案能够提高农业生态系统的碳固存，减少温室气体排放，还可提高资源利用效率，防止土壤侵蚀和养分流失。减缓策略的关键要素包括：作物生产多样化、农林复合经营、精准农业、可持续机械化及减少对化学肥料的依赖。其中许多策略可为环境和人类健康带来共同益处，并有可能为农民和农业社区带来更大的经济回报。

为了减少玉米生产系统的温室气体排放，应采用以下策略。

4.4.1　增强土壤固碳潜力

提高土壤有机质含量需要增加碳输入，并尽量减少碳损失。降水和温度等气候条件和土壤通气性会影响有机质的分解。

行动措施

作为保护性农业的一部分，农作物生产多样化可以增加碳固存（Gonzalez-Sanchez 等，2019），提高氮利用效率（Corsi 等，2012；Sapkota 等，2017）。传统的玉米单作会大量消耗土壤养分。玉米间作和套作具有多重益处，如在一年中的大部分时间内，可防止土壤侵蚀，并产生额外的根系生物质，增加土壤中的有机质含量。

> 氮的有效利用有助于实现"改善全球消费和生产的资源使用效率"这一整体经济目标（具体目标 8.4）。
>
> 氮的有效利用有助于实现化学品在整个存在周期的无害化环境管理，减少它们排入大气以及渗漏到水和土壤中的概率，从而最大限度地减少对人类健康和环境的影响（具体目标 12.4）。
>
> 农业景观中的侵蚀防护有助于建立一个不再出现土地退化的世界（具体目标 15.3）。
>
> 产量和收入的提高直接有助于实现农业生产力和小规模粮食生产者收入翻一番的目标。

种植系统的多样化和集约化，如将豆类和多年生植物纳入作物轮作，有助于缩短田地休耕时间，理想情况下，甚至可以避免田地休耕。

有研究质疑保护性农业在增加土壤碳储量方面的有效性，认为其对土壤碳固存的影响很小，不应高估其对减缓气候变化的作用（Powlson 等，2014；Corbeels 等，2020）。通过保护性农业措施增加土壤有机碳可能是一种可行的选择，但需要对各种管理方案（如覆盖作物及免耕）的有效性进行现场评估。最近，对未来气候情景的模型预测表明，保护性农业系统具有更大的土壤固碳潜力，特别是在同时利用覆盖作物的情况下（Valkama 等，2020）。

如第二部分所述，玉米-豆类耕作系统对土壤中的生物氮十分重要，可以减少农民对化肥的依赖，从而降低一氧化二氮的排放。多年生、两年生和一年生豆科植物与玉米间作和套作，可以提高玉米产量，增加农民收入。理想情况下，农民可将上述做法与采用适应性品种和有效施肥结合起来。

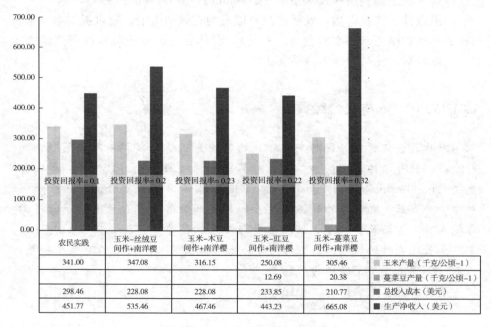

	农民实践	玉米-丝绒豆间作+南洋樱	玉米-木豆间作+南洋樱	玉米-豇豆间作+南洋樱	玉米-蔓菜豆间作+南洋樱	
	341.00	347.08	316.15	250.08	305.46	玉米产量（千克/公顷-1）
				12.69	20.38	蔓菜豆产量（千克/公顷-1）
	298.46	228.08	228.08	233.85	210.77	总投入成本（美元）
	451.77	535.46	467.46	443.23	665.08	生产净收入（美元）

图 4 - 3　玉米-豆类耕作系统投资回报率

资料来源：粮农组织项目实地数据（项目名称：为推广"节约与增长"模式奠定基础——推广可持续和气候适应性耕作系统集约化的区域战略）。

图 4 - 3 为粮农组织在赞比亚开展"节约与增长"项目的实地调查结果，显示了各类玉米-豆类耕作系统的投资回报率。

绿肥覆盖作物能提供多重益处，可以增加土壤有机质，抑制玉米田内的杂草生长（粮农组织，2016）。刺毛黧豆等绿肥作物即便不能食用，也应优先考虑种植，因为此类作物能产生大量生物质，降低化肥成本和杂草控制相关花费，并减少化肥及除草造成的不利影响。如第二部分所述，拉丁美洲的玉米-畜牧一体化系统中利用了臂形草。臂形草属植物根部的化学机制抑制了一氧化二氮的释放。

> 通过减轻对天然林的压力，农林复合经营有助于遏制毁林（具体目标15.2）。
>
> 农林复合经营带来的经济机会有助于改善小规模粮食生产者的生计（具体目标2.3），并有助于自给农民摆脱贫困（具体目标1.1）。

农林复合经营是指在同一块土地上，人为地将木本多年生植物（如树木、灌木、棕榈或竹子）、农作物、草类、动物在空间上按一定的时序安排在一起而进行管理的土地利用和技术系统（Choudhury 和 Jansen，1999）。

如果设计、管理得当，农林系统可以成为有效的碳汇。通过提供本应来自森林的产品和服务（如木质燃料、木材），农林复合经营还可以改善当地农民生计，减轻对天然林的压力（插文10）。

➲ 插文10　农林复合经营

农林复合经营能够帮助南部非洲的农民克服作物残茬不足的问题，同时生产饲料并保持土壤的持续覆盖。其中一种做法是将固氮树木，如白相思树（Faidherbia albida）和南洋樱（Gliricidia sepium）整合到玉米生产系统中。此类落叶豆科植物在玉米生产周期开始时落下富含氮的叶子，在雨季结束时又重新长出叶子，从而不会与玉米幼苗争夺光照，玉米幼苗可以直接生长在无叶的树下。腐烂的树叶为土壤提供了多达两倍的有机质和氮，而新叶子则减少了干燥期的蒸散量。

资料来源：粮农组织，2016。

> 增加土壤有机碳含量能够稳定土壤，保护土壤不受侵蚀，有助于建立一个不再出现土地退化的世界（具体目标15.3）。

按需施肥和施用有机肥（如绿肥、农家肥）有助于土壤碳积累，并能减少温室气体排放。土壤有机碳管理对于可持续农业至关重要。提高土壤有机碳含量可以改善土壤质量，防止土壤侵蚀和退化，并能减少二氧化碳和一氧化二氮的排放（Kukal 等，2009）。

提高养分和肥料的利用效率不仅可以降低温室气体排放，还可以减少陆地、淡水和海洋生态系统中的营养盐污染，并增强相关的生态系统服务（具体目标15.1，6.3，14.1）。

养分和肥料利用效率的提高也有利于实现化学品在整个存在周期的无害化环境管理，减少它们排入大气以及渗漏到水和土壤中的概率，从而最大限度地减少对人类健康和环境的影响（具体目标12.4）。

养分和肥料利用效率的提高还可以减少与空气、水和土壤污染相关的疾病，有助于改善人类健康状况（具体目标3.9）。

4.4.2 减少温室气体排放

减少作物生产中的二氧化碳排放，主要是通过降低生产操作的直接排放和避免土壤有机碳的矿化来实现的。改善化肥管理及提高化肥的利用率，特别是释放一氧化二氮和二氧化硫的含氮和含硫的化肥，可以减少非二氧化碳温室气体的排放。

过度使用无机肥和有机肥还会对环境造成其他负面影响，如水体富营养化、空气污染、土壤酸化以及土壤中硝酸盐和重金属的累积（Mosier 等，2013）。

氮肥是最常用的无机肥料。世界上几乎一半的人口依靠氮肥进行粮食生产，全球60%的氮肥用于生产三大谷物：水稻、小麦和玉米（Ladha 等，2005）。然而，氮肥的过度使用会危及生态系统和人类健康。采用改良的农艺措施和开发能够提高氮利用效率的玉米改良品种，可以显著减少农民对化学投入品的依赖。

行动措施

可持续机械化、使用小型拖拉机、减少田间通行次数和缩短作业时间，与保护性农业相结合，可降低二氧化碳排放，最大限度地降低土壤扰动，并减少土壤侵蚀和退化（粮农组织，2017）。

利用全球定位系统支持的精准农业、可持续机械化和改良品种，有助于向发展中国家转让、传播和推广环境友好型的技术（具体目标17.7）。

种植肥料吸收效率较高的作物品种，可减少肥料养分的损失。据估计，（平均）损失可达施用氮肥的50%和施用磷肥的45%（粮农组织，2016）。在氮利用效率方面，玉米各品种之间存在相当大的遗传变异性（Lafitte 和 Edmeades，1997；Bertin 和 Gallais，2001；Gallais 和 Hirel，2004；Gallais 和 Coque，2005）。

精准农业利用越来越多的高科技方法（如全球定位系统技术和环境信息）以根据特定地点的要求，优化化肥和其他投入品的使用（Balafoutis 等，2017）。精准农业关注耕田的空间和时间需求，可以在保持产量的同时，减少温室气体排放，并最大限度地减少用水以及化学品和劳动力的投入。这些针对特定作物和地点的施肥方法可以提高肥料利用效率，减少化肥的过度使用，从而减缓一氧化二氮排放的增加和氮淋失的产生。这些方法还可以通过减少耕作来增加碳固存。精准技术还可以减少在播种、施肥、喷药、除草和灌溉管理过程中农业设备的使用频率，从而减少温室气体排放。

在土壤中施用生物炭是一种封存碳和提高土壤肥力的可持续实践（Mukherjee 和 Zimmerman，2013）。施用生物炭可能会减少一氧化二氮的排放，因为生物炭能够减少硝酸盐对微生物（反硝化细菌）的供应，而这些微生物会消耗氮并将其释放到大气中（Felber 等，2014）。

使用生物肥料可以减少稻田中甲烷和二氧化碳的排放（Kantha 等，2015）。生物肥料中所含的有益微生物可以提高甲烷氧化细菌的活性。在可持续农业生产力和环境管理方面，仍需进一步研究以确定对玉米最有益的微生物类型。

©粮农组织/Sergey Kozmin

4.5 有利的政策环境

向气候智慧型农业（CSA）转型需要推广具体的气候智慧型农业实践，这需要强有力的政治承诺，以及应对气候变化、农业发展和粮食安全等相关部门之间的一致性和协调性。在制定新政策之前，政策制定者应系统地评估当前农业和非农业协议和政策对 CSA 目标的影响，同时考虑其他国家农业发展的优先事项。政策制定者应发挥 CSA 三个目标（可持续生产、适应气候变化和减缓气候变化）之间的协同效应，解决潜在的利弊权衡问题，并尽可能避免、减少或补偿不利影响。了解影响 CSA 实践被采用的社会经济障碍、性别差异障碍以及激励机制，是制定和实施支持性政策的关键所在。

除支持性政策外，有利的政策环境还包括：基本制度安排，利益相关者的参与和性别考虑，基础设施，信贷和保险，农民获得天气信息、推广服务和咨询服务的渠道以及市场投入/产出。旨在营造有利环境的法律、法规和激励措施为可持续气候智慧型农业的发展奠定基础，然而目前仍存在一些风险，可能妨碍和阻止农民对行之有效的 CSA 实践和技术进行投资，而加强相关机构能力建设对于支持农民、推广服务和降低风险至关重要，这有利于帮助农民更好地适应气候变化和其他环境冲击带来的影响。配套的机构是农民和决策者的主要组织力量，对于推广气候智慧型农业实践举足轻重。

4.6　结论

玉米生产系统需要进行调整，以确保在气候变化条件下继续为粮食安全、农民生计和可持续粮食体系做出贡献。具体的适应和减缓办法将因地而异。世界各地的玉米产区，有着各种各样的农业生态条件、土壤微气候、气候风险及社会经济背景，需要收集数据和信息以确定最佳行动方案，并根据当地需求调整做法，这一点至关重要。此手册提供的信息有利于帮助我们持续学习，促进未来政策的改进。各级利益相关者之间需要密切协调与合作，以营造有利的环境，使农民能够采取有针对性的措施，在面对气候变化时提高玉米生产的能力、韧性和可持续性。

气候变化对玉米生产系统造成的挑战仍不确定。这些挑战因地区而异，但可以肯定的是，对于已经着手应对重度粮食不安全的国家来说，气候变化带来的挑战尤为艰巨。然而，要克服这些挑战，仍有一条明确的解决之道。相关可行性做法包括采取因地制宜的有效农艺措施，如保护性农业、有效水源和养分管理以及害虫综合治理。这些做法将进一步提高种植改良玉米品种所获得的收益。

4.7　参考文献

Atlin，G. N.，Cairns，J. E. & Das，B. 2017. Rapid breeding and varietal replacement are critical to adaptation of cropping systems in the developing world to climate change. *Global Food*

Security，12：31－37. https：//doi. org/10. 1016/j. gfs. 2017. 01. 008.

Balafoutis, A.，Beck, B.，Fountas, S.，Vangeyte, J.，van der Wal, T.，Soto, I.，Gómez－Barbero, M.，Barnes, A. &Eory, V. 2017. Precision agriculture technologies positively contributing to GHG emissions mitigation，farm productivity and economics. *Sustainability*，9 (8)：1339. https：//doi. org/10. 3390/su9081339.

Bertin, P. &Gallais, A. 2001. Genetic variation for nitrogen use efficiency in a set of recombinant inbred lines II－QTL detection and coincidences. *Maydica*，46 (1)：53－68.

Cairns, J. E.，Sonder, K.，Zaidi, P. H.，Verhulst, N.，Mahuku, G.，Babu, R.，Nair, S. K.，Das, B.，Govaerts, B.，Vinayan, M. T.，Rashid, Z.，Noor, J. J.，Devi, P.，San Vicente, F. &Prasanna, B. M. 2012. Maize production in a changing climate：impacts，adaptation，and mitigation strategies. *Advances in Agronomy*，114：1－58. https：//doi. org/10. 1016/B978－0－12－394275－3. 00006－7.

Cairns, J. E.，Hellin, J.，Sonder, K.，Araus, J. L.，MacRobert, J. F.，Thierfelder, C. &Prasanna, B. M. 2013. Adapting maize production to climate change in sub－Saharan Africa. *Food Security*，5 (3)：345－360. https：//doi. org/10. 1007/s12571－013－0256－x.

Cairns, J. E. &Prasanna, B. M. 2018. Developing and deploying climateresilient maize varieties in the developing world. *Current Opinion in Plant Biology*. https：//doi. org/10. 1016/j. pbi. 2018. 05. 004.

Choudhury, K. &Jansen, J. 1998. Terminology for Integrated Resources Planning and Management. Rome，FAO.

Corbeels, M.，Cardinael, R.，Powlson, D. S.，Chikowo, R. &Gérard, B. 2020. Carbon sequestration potential through conservation agriculture in Africa has been largely overestimated. Comment on："Meta－analysis on carbon sequestration through conservation agriculture in Africa". *Soil and Tillage Research*，196，104300.

Corsi, S, Friedrich, T.，Kassam, A.，Pisante, M. &de Moraes Sà, J. 2012. Soil Organic Carbon Accumulation and Greenhouse Gas Emission Reductions from Conservation Agriculture：A review of evidence. *Integrated Crop Management*，Vol. 16. Rome，FAO.

Deutsch, C. A.，Tewksbury, J. J.，Tigchelaar, M.，Battisti, D. S.，Merrill, S. C.，Huey, R. B. &Naylor, R. L. 2018. Increase in crop losses to insect pests in a warming climate. *Science*，361：916－919. https：//doi. org/10. 1126/science. aat3466.

Diffenbaugh, N. S.，Krupke, C. H.，White, M. A. &Alexander, C. E. 2008. Global warming presents new challenges for maize pest management. *Environmental Research Letters*，3 (4)：044007－9. https：//doi：10. 1088/1748－9326/3/4/044007.

FAO. 2016. Save and grow in practice：maize，rice and wheat－A guide to sustainable cereal production. Rome. （also available atwww. fao. org/policy－support/tools－and－publications/resources－details/en/c/1263072/）.

FAO. 2017. Climate－Smart Agriculture Sourcebook，second edition ［online］. ［Cited 18 June 2021］ http：//www. fao. org/climate－smart－agriculture－sourcebook/about/en/.

FAO. 2018. *The future of food and agriculture－Alternative pathways to* 2050. Rome.（also available atwww. fao. org/global－perspectives－studies/resources/detail/en/c/1157074/）.

FAO. 2019. Sustainable Food Production and Climate Change.（also available atww. fao. org/3/ca7223en/CA7223EN. pdf）.

FAO. 2021. FAOSTAT. In：FAO［online］.［Cited 24 July 2020］. http：//faostat. fao. org.

Felber, R., Leifeld, J., Horak, J. &Neftel, A. 2014. Nitrous oxide emission reduction with greenwaste biochar：comparison of laboratory and field experiments. European *Journal of Soil Science*，65：128－138.

Gallais, A. &Hirel, B. 2004. An approach to the genetics of nitrogen use efficiency in maize. Journal of Experimental Botany，55（396）：295－306. https：//doi. org/10. 1093/jxb/erh006.

Gallais, A. &Coque, M. 2005. Genetic variation and selection for nitrogen use efficiency in maize：A synthesis. *Maydica*，50（3）：531－547.

Gonzalez－Sanchez, E. J., Veroz－Gonzalez, O., Conway, G., Moreno－Garcia, M., Kassam, A., Mkomwa, S., Ordóñez－Fernández, R., Triviño－Tarradas, P. & Carbonell－Bojollo, R. 2019. Meta－analysis on carbon sequestration through Conservation Agriculture in Africa. *Soil and Tillage Research*，190，22－30. https：//doi. org/10. 1016/j. still. 2019. 02. 020.

Herrero, M., Thornton, P. K., Notenbaert, A. M., Wood, S., Msangi, S., Freeman, H. A., Bossio, D., Dixon, J., Peters, M., van de Steeg, J., Lynam, J., Rao, P. P., Macmillan, S., Gerard, B., McDermott, J., Seré, C. &Rosegrant, M. 2010. Smart investments in sustainable food production：revisiting mixed crop－livestock systems. *Science*，327：822－825.

Herrero, M., Havlík, P., Valin, H., Notenbaert, A. M., Rufi no, M., Thornton, P. K., Blummel, M., Weiss, F. &Obersteiner, M. 2013. Global livestock systems：biomass use，production，feed effi ciencies and greenhouse gas emissions. *Proceedings of the National Academy of Sciences*，110（52）：20888－20893.

Iizumi, T., Shiogama, H., Imada, Y., Hanasaki, N., Takikawa, H. &Nishimori, M. 2018. Crop production losses associated with anthropogenic climate change for 1981—2010 compared with preindustrial levels. *International Journal of Climatology*，38（14）：5405－5417. https：//doi. org/10. 1002/joc. 5818.

Jarvis, A., Ramirez－Villegas, J., Campo, B. V. H. &NavarroRacines, C. 2012. Is Cassava the Answer to African Climate Change Adaptation? *Tropical Plant Biology*，5（1）：9－29. https：//doi. org/10. 1007/s12042－012－9096－7.

Kantha, T., Kantachote, D. &Klongdee, N. 2015. Potential of biofertilizers from selected Rhodopseudomonas palustris strains to assist rice（Oryza sativa L. subsp. indica）growth under salt stress and to reduce greenhouse gas emissions. *Annals of Microbiology*，65：2109－2118. https：//doi. org/10. 1007/s13213－015－1049－6.

Kocmánková, E. , Trnka, M. , Eitzinger, J. , Dubrovský, M. , Štěpánek, P. , Semerádová, D. , Balek, J. , Skalák, P. , Farda, A. , Juroch, J. &Žalud, Z. 2011. Estimating the impact of climate change on the occurrence of selected pests at a high spatial resolution: A novel approach. *The Journal of Agricultural Science*, 149（2）: 185 – 195. https: //doi: 10. 1017/S0021859610001140.

Kukal, S. S. , Rasool, R. &Benbi, D. K. 2009. Soil organic carbon sequestration in relation to organic and inorganic fertilization in rice – wheat and maize – wheat systems. *Soil and Tillage Research*, 102（1）: 87 – 92. https: //doi. org/10. 1016/j. still. 2008. 07. 017.

Ladha, J. K. , Pathak, H. , Krupnik, T. J. , Six, J. &van Kessel, C. 2005. Efficiency of Fertilizer Nitrogen in Cereal Production: Retrospects and Prospects. *Advances in Agronomy*, 87: 85 – 156. https: //doi. org/10. 1016/S0065 – 2113（05）87003 – 8.

Lafitte, H. R. &Edmeades, G. O. 1997. Temperature effects on radiation use and biomass partitioning in diverse tropical maize cultivars. *Field Crops Research*, 49（2 – 3）: 231 – 247. https: //doi. org/10. 1016/S0378 – 4290（96）01005 – 2.

Lobell, D. B. , Bänziger, M. , Magorokosho, C. &Vivek, B. 2011. Nonlinear heat effects on African maize as evidenced by historical yield trials. *Nature Climate Change*, 1: 42 – 45. https: //doi. org/10. 1038/nclimate1043.

Mosier, A. , Syers, J. K. &Freney, J. R. 2013. *Agriculture and the nitrogen cycle: assessing the impacts of fertilizer use on food production and the environment*. SCOPE Report, No. 65. Washington, D. C. , Island Press.

Nelson, G. C. Rosegrant, M. W. , Palazzo, A. , Gray, I. , Ingersoll, C. , Robertson, R. , Tokgoz, S. , Zhu, T. , Sulser, T. B. , Ringler, C. , Msangi, S. &You, L. 2010. *Food Security, Farming, and Climate Change to* 2050: *Scenarios, Results, Policy Options*. Washington, D. C. , International Food Policy Research Institute（IFPRI）. https://doi. org/10. 2499/9780896291867.

Powlson, D. S. , Stirling, C. M. , Jat, M. L. , Gerard, B. G. , Palm, C. A. , Sanchez, P. A. &Cassman, K. G. 2014. Limited potential of no – till agriculture for climate change mitigation. *Nature Climate Change*, 4（8）: 678 – 683.

Prasanna, B. , Huesing, J. E. , Eddy, R. &Peschke, V. M. , eds. 2018. *Fall Armyworm in Africa: a Guide for Integrated Pest Management*. Mexico, CDMX, CIMMYT.

Sapkota, T. B. , Jat, M. L. , Aryal, J. P. , Jat, R. K. &Khatri – Chhetri, A. 2015. Climate change adaptation, greenhouse gas mitigation and economic profitability of conservation agriculture: Some examples from cereal systems of Indo – Gangetic Plains. *Journal of Integrative Agriculture*, 14（8）: 1524 – 1533. https: //doi. org/10. 1016/S2095 – 3119（15）61093 – 0.

Sapkota, T. B. , Jat, R. K. , Singh, R. G. , Jat, M. L. , Stirling, C. M. , Jat, M. K. , Bijarniya, D. , Kumar, M. , Yadvinder – Singh, Y. S. , Saharawat, Y. S. &Gupta, R. K. 2017. Soil organic carbon changes after seven years of conservation agriculture in a rice –

wheat system of the eastern Indo – Gangetic Plains. *Soil Use and Management*，33（1）：81 – 89. https：//doi. org/10. 1111/sum. 12331.

Shiferaw, B. , Prasanna, B. M. , Hellin, J. & Bänziger, M. 2011. Crops that feed the world 6. Past successes and future challenges to the role played by maize in global food security. *Food Security*，3，（article 307）. https：//doi. org/10. 1007/s12571 – 011 – 0140 – 5.

Sims, B. & Kienzle, J. 2015. Mechanization of Conservation Agriculture for Smallholders：Issues and Options for Sustainable Intensification. *Environments*，2（2）：139 – 166. https：//doi. org/10. 3390/environments2020139.

Tigchelaar, M. , Battisti, D. S. , Naylor, R. L. & Ray, D. K. 2018. Future warming increases probability of globally synchronized maize production shocks. *Proceedings of the National Academy of Sciences of the United States of America*，115（26）：6644 – 6649. https：//doi. org/10. 1073/pnas. 1718031115.

Valkama, E. , Kunypiyaeva, G. , Zhapayev, R. , Karabayev, M. , Zhusupbekov, E. , Perego, A. , Schillaci, C. , Sacco, D. , Moretti, B. , Grignani, C. & Acutis, M. 2020. Can conservation agriculture increase soil carbon sequestration? A modelling approach. *Geoderma*，369（30）：114298.

Vanlauwe, B. , Wendt, J. , Giller, K. E. , Corbeels, M. , Gerard, B. & Nolte, C. 2014. A fourth principle is required to define conservation agriculture in sub – Saharan Africa：the appropriate use of fertilizer to enhance crop productivity. *Field Crops Research*，155：10 – 13.

Verhulst, N. , François, I. , Grahmann, K. , Cox, R. & Govaerts, B. 2014. *Nitrogen use efficiency and optimization of nitrogen fertilization in conservation agriculture*. CIMMYT.

Wyckhuys, K. A. G. , Lu, Y. , Morales, H. , Vazquez, L. L. , Legaspi, J. C. , Eliopoulos, P. A. & Hernandez, L. M. 2013. Current status and potential of conservation biological control for agriculture in the developing world. *Biological Control*，65（1）：152 – 167. https：//doi. org/10. 1016/j. biocontrol. 2012. 11. 010.

Zhao, C. , Liu, B. , Piao, S. , Wang, X. , Lobell, D. B. , Huang, Y. , Huang, M. et al. 2017. Temperature increase reduces global yields of major crops in four independent estimates. *Proceedings of the National Academy of Sciences of the United States of America*，114（35）：9326 – 9331. https：//doi. org/10. 1073/pnas. 1701762114.

第5章
可持续水稻生产

生产系统适应气候条件变化并减少环境影响

H. Jacobs B. Hadi、C. Mba、S. Corsi、M. Taguchi、H. Muminjanov、
J. Kienzle、F. Beed、P. Lidder和H. Kim

©粮农组织/Hoang Dinh Nam

©粮农组织/Jake Salvador

5.1 引言

水稻是全球种植范围最广泛的主要粮食作物之一，能够适应各种生长条件。水稻对保障粮食安全至关重要，特别是对于发展中国家而言。然而，世界许多地区都已发现气候变化对水稻生产的负面影响。预计这些影响将变得更加明显，并将对农民生计和粮食安全产生深远影响。本章介绍了适应和减缓气候变化的方法，有助于水稻生产向更可持续、更有韧性的系统转型；同时还强调了以上方法与《2030 年可持续发展议程》中可持续发展目标之间的协同效应。为了确保农民能够了解并广泛采用此类气候智慧型农业耕作方法，强有力的政治承诺、配套的支持性机构和投资是必不可少的。这类方法的广泛采用将有利于提高水稻产量，带来更稳定的收入，确保粮食安全，并有助于建立有韧性、可持续和（温室气体）低排放的粮食体系。

水稻是超过 35 亿人的主食。亚洲栽培稻在世界范围种植非常广泛，有两个主要亚种：主要分布于温带地区的短粒粳稻和主要分布于热带地区的长粒籼稻。非洲栽培稻主要种植于西非部分地区（粮农组织，2016）。水稻产区分布广泛，水稻可以在从潮湿地区到干燥地区的各种气候条件下生长。2018 年，全球水稻总产量约为 7.63 亿吨，种植面积为 1.66 亿公顷。中国、印度、印度尼西亚、孟加拉国和越南是最大的水稻生产国（粮农组织，2021）。在南亚、东南亚和东亚，水稻种植面积占作物总种植面积的很大一部分。在亚洲和非洲，水稻主要由小农户生产。

通常认为，栽培稻是半水生一年生草本植物。水稻不仅能够承受厌氧土壤条件（即土壤中不含氧），也能适应山区的有氧条件。在热带地区，水稻（再生稻）在收割后从茎节上长出新枝（分蘖），可作为多年生植物栽培（国际水稻研究协作组，2013）。在许多灌溉地区，水稻作为单一作物种植，一年两熟。但水稻也可以与一系列其他作物轮作，例如，有种植面积达 1 500 万至 2 000 万公顷的水稻和小麦轮作（国际水稻研究协作组，2013）。世界上 90% 以上的水稻产量来自灌溉或雨养的低地稻田。旱稻生产并不普遍，但老挝、印度东部、越南、拉丁美洲以及中非和西非等地会栽培旱稻。传统上，低地水稻幼苗在苗床上培育，然后移栽到翻耕后的水田中。水稻幼苗单独生长，密度更高，这种做法有助于控制杂草和害虫，缩短田间生长时间，适应水资源供应不足的条件（国际水稻研究协作组，2013）。

撒播水稻种子也是一种常见的传统做法。最近，南亚和东南亚地区逐渐从移栽秧苗转向直接播种，农民因此无需维护苗床（Kuma，Ladha，2011）。

©粮农组织/Daniel Hayduk

气候变化带来的影响，如海平面上升、旱季大河三角洲的海水入侵以及更加频繁的风暴和干旱期，严重威胁着水稻生产。海平面上升有可能导致沿海地区（如孟加拉国、缅甸和越南的河流三角洲）以水稻为基础的农业系统出现粮食安全危机，近几十年来，这些地区的水稻产量增幅占水稻总产量增幅的一半（粮农组织，2016）。使这一问题更加复杂的是，高产水稻品种通常不耐受主要的非生物胁迫，如高温、干旱和盐度（粮农组织，2016）。2018年各国水稻产量具体占比见图5-1。

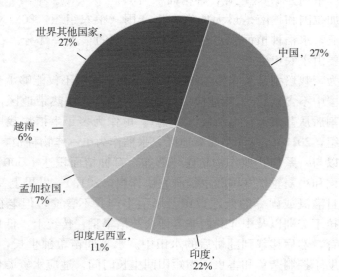

图5-1　2018年各国水稻产量占比（％）

资料来源：粮农组织，2021。

本书是《气候智慧型农业（CSA）资料手册》（粮农组织，2017）的配套指南，概述了气候变化情景下水稻生产系统的最佳实践方法，旨在为政策制定者、研究人员和其他致力于可持续作物生产集约化的组织和个人提供参考。书中以通俗易懂的语言和案例，逐一介绍了可操作的干预措施，可用于提高或维持气候变化威胁下水稻生产系统的生产力。这些策略可以使水稻生产系统适应因气候条件变化而增加的生物和非生物胁迫，并减少此类系统造成的温室气体排放。这份围绕水稻而撰写的概况是气候智慧型农业系列作物概况之一。

5.2 气候变化对水稻生产的影响及预测

如果没有有效的适应和遗传改良措施以及二氧化碳施肥效应（即大气中二氧化碳含量增加导致光合作用速率加快），预计全球平均气温每升高 1℃，全球水稻产量平均将下降 3.2%（Zhao 等，2017）。据预测，到 2050 年，气候变化对油籽和水稻的负面影响较大，但对粗粮和小麦的影响较小。"农业模型比较与改进项目（AgMIP）"和"部门间影响模型比较计划（ISI-MIP）"在典型浓度路径（RCP）8.5（典型浓度路径 8.5 是政府间气候变化专门委员会所采用的高排放情景）下，对预计作物产量进行了全球网格作物模型评估（Rosenzweig 等，2014）。预测结果显示，在假设没有二氧化碳施肥效应的情况下，大豆和水稻的产量会大幅下降，下降幅度将超过玉米和小麦（Wiebe 等，2015）。

相关评估结果显示，气候变化对水稻产量的影响程度在主要水稻生产国（如印度尼西亚、孟加拉国和越南）之间存在差异。对这些国家所有水稻种植方法的评估值进行平均后发现，气温变化预计对水稻产量的影响较小（Zhao 等，2017）。然而，就印度而言，预计气温会对水稻产量造成较大影响，平均每摄氏度的产量变化为 -6.6% 至 +3.8%（Zhao 等，2017）。Iizumi 和 Ramankutty（2016）在对 1981—2010 年气候变化导致的主要作物产量变异性进行分析时发现，孟加拉国、中国南部、印度尼西亚和缅甸的水稻产量变异性有所增加。

使用通用大面积模型（GLAM）对五个东南亚国家（柬埔寨、老挝、缅甸、泰国和越南）的水稻产量进行模拟分析，结果表明，在不能充分适应气候变化的情况下，柬埔寨将是水稻产量下降最多的国家。与 1991—2000 年的基准期相比，到 21 世纪 80 年代，柬埔寨的水稻产量在典型浓度路径 8.5 下将减少约 45%（Chun 等，2016）。然而，当模型模拟分析考虑到二氧化碳水平升高时，预计到 21 世纪 80 年代，在典型浓度路径 8.5 下，与无灌溉情况相比，改善灌溉可以将水稻产量大幅提高 8.2% 至 42.7%（Chun 等，2016）。全球气温上升甚至可能对某些国家（如中国）产生有利影响，这些国家北部地区的水稻产量将有所增加，目前水稻一年一熟的地区能够完成一年两熟（国际农业研究磋商组织水稻研究计划，2021）。

水稻生产对气候变化的影响。水稻生产既受气候变化的影响，同时也会造成温室气体排放。湿地水稻是甲烷、二氧化碳和一氧化二氮等主要温室气体的重要来源（Harriss 等，1985；Bouwman，1989；Solomon 等，2007；Lee，2010；粮农组织，2016）。水稻种植是仅次于非奶牛牲畜的最大甲烷排放源，每年排放 5 亿吨二氧化碳当量（粮农组织，2021）。

©粮农组织/Sarah Elliot

在东南亚，稻田温室气体排放量占农业部门温室气体总排放量的 11%（粮农组织，2019a）。

稻田中水稻残茬的厌氧分解过程会向大气中排放甲烷，稻田和畜牧业的甲烷排放量，几乎占全球甲烷排放量的一半（粮农组织，2016）。稻田甲烷排放量受水情和有机投入品的影响。土壤条件、耕作方式、肥料使用、残茬管理和水稻品种等因素产生的影响相对较小。淹水通常会造成甲烷的持续排放。与连续淹水的地区相比，间歇供水的雨养水稻区甲烷排放量更少（国际水稻研究协作组，2013）。

5.3　适应气候变化的方法

气温升高、降水规律的改变、水稻害虫分布模式的变化以及更加频发和愈发极端的天气事件（如热浪和气旋）等，都是气候变化过程中稻农要面临的挑战。水稻生产系统需要增强对气候灾害的抵御能力，同时稻农也需要增强自身对气候变化的适应能力。这一领域的进展将有助于实现可持续发展目标 13（气候行动），特别是具体目标 13.1。实现这些目标的主要方法包括发展保护性农业、采用改良的作物和品种、开展水源有效管理和实施害虫综合治理。配套的政策和相关立法将有助于推动农民采用上述气候智慧型做法。推广服务和气候信息服务也同样重要。另外，要增加农民获得特定技术的渠道，通过农民田间学校为他们提供害虫综合治理方面的培训以提升其能力，并让他们参与研究和学习经验，这些都是至关重要的手段。

粮农组织与相关国家开展合作，致力于减少气候变化对作物生产力的影响以及作物生产系统对气候变化的影响。根据该领域的经验教训，粮农组织（2019a）提出了一种适应和减缓气候变化的四步法（图 5-2）：

1）评估气候风险；

2）优先考虑农民需求；

3）确定农事方案；

4）推广成功干预措施。

图 5-2　"节约与增长"模式

资料来源：粮农组织，2019。

在"节约与增长"模式中，粮农组织依靠第三步来实现可持续的作物生产集约化。"节约与增长"模式涵盖了一系列做法，如发展保护性农业、采用改良的作物和品种、开展有效的水源管理和实施害虫综合治理。本节将详细介绍以上做法在水稻生产系统中的应用。首先介绍的是直播水稻栽培法和旱播水稻栽培法。

直播法（直接播种）。在许多地区，将稻苗移栽到翻耕土壤里的做法已被直接播种所取代。进行直接播种时，种子可以撒播在翻耕后的田地里，也可以在免耕情况下进行条播。采用这种方法，水稻产量不会下降，但灌溉用水却有所减少，种植过程变得更快更容易，省去育苗工作，节省人力。直接播种还能使作物更快成熟，并减少甲烷排放。在印度，农民在雨季前通过地表覆盖物旱播水稻，这已成为以前休耕土地的一种替代方案（粮农组织，2016）。总的来说，玉米和小麦免耕种植的推广速度要比水稻快。然而，几项免耕旱播水稻试验表明，翻耕并不是高产的必要条件。粮农组织认为，增加免耕水稻的种植将进一步减少灌溉用水（世界银行，2007）。

水稻旱播历来是雨养低地生态系统适应干旱的一种方法。在翻耕后的土壤中移栽秧苗需要大量的劳动力、水和能源，会破坏土壤结构。如今，种植灌溉水稻的农民正逐渐采用免耕旱播耕作方式。已经证明这种做法可以减少1/3的灌溉用水，并降低生产成本。该方法依靠两轮、四轮拖拉机或用动力耕耘机牵引的播种机直接播种水稻。

旱播方式在亚洲各地的采用率并不相同。一定程度上是因为亚洲热带地区种植的大部分水稻是在潮湿季节生产的，此时土壤水分过度饱和，无法种植其他主要作物。此外，农民无法获得适当设备等其他因素也影响旱播方式的采用（粮农组织，2016）。然而，在许多地区，雨季的开始时间波动不定，而且越来越难以预测。雨季早期的降水模式更加不稳定，这使得农民很难为移栽准备秧苗。因此，为了避免晚季干旱的风险，采用旱播方式种植水稻可能更为有利。这种方式可以比传统移栽，甚至比湿播方式更早进行，传统移栽和湿播都需要积水进行搅浆整地。当雨季提前结束时，旱播方式尤为有利，而随着气候变化，雨季提前结束的情况可能会变得更加普遍。研究还表明，旱播水稻比移栽水稻发育更早，长得更壮。旱播也是避免洪涝增加带来负面影响的一种方法，早期采用旱播可以缓解强降水条件下水稻在易发洪涝的低洼地区被淹没的情况（Y. Kato 和 personal communication，2020）。

5.3.1 保护性农业

保护性农业是一种可持续的农艺管理系统，综合运用免耕或少耕、用地膜或覆盖作物覆盖土壤表面，以及作物生产多样化等多种手段（粮农组织，2016，粮农组织，2017；Cairns 等，2013）。

行动措施

作物生产多样化和可持续机械化。轮作是保护性农业系统的重要原则之一。应促进多样化，以减少生物和非生物胁迫、保护土壤和水、减少杂草侵扰、创造额外的收入来源。水稻系统正变得越来越多样化（插文11）。例如，水稻-玉米轮作的面积正在扩大，排干水的稻田现在被用来起垄种植免耕马铃薯。在西非，农民将水稻与蔬菜套作，而在乌干达，由于大多数土壤缺乏氮，农民就在种植水稻之前先种植天鹅绒豆，这是一种能将氮固定在土壤中的豆类。在印度尼西亚，稻田里种植田菁树，以改善土壤养分，提高作物产量（粮农组织，2016）。

> 水稻生产系统的多样化，包括与其他谷物、一年生和多年生豆类作物间作，以及水稻生产与水产养殖相结合，可以带来多重益处。这种多样化有助于建立更可持续、更有韧性的粮食体系（具体目标2.4），并支持陆地生态系统的可持续管理（具体目标15.1）。多样化也是实现更高水平经济生产力的一种策略（具体目标8.2），并为小农户创造收入机会（具体目标2.3）。可持续机械化对于采用包括间作、轮作和多种作物种植在内的水稻系统至关重要，有助于向发展中国家转让、传播和推广环境友好型的技术（具体目标17.7）。

建议在每年度作物种植周期中至少种植一种豆科、油籽或其他非水稻作物（Le，2016）。由于作物的盈利能力不断变化，小农户通常会在2～3年的周期内种植4～6种作物。这些作物的播种深度、种子大小、行距和施肥量有所不同（Haque 等，2017）。面对这种多样性，建议使用可持续机械化设备。南亚已在使用多功能多作物播种机（VMP），成功应对了多样化轮作制度的挑战，满足了高种植强度的需要。对于土壤侵蚀为主要问题的旱稻农业生态系统而言，杂草管理得当的保护性农业可发挥重要作用。

带状稻田免翻耕移栽。在传统耕作系统中，农民大多会提前搅浆整地，再移栽水稻幼苗。然而，在保护性农业系统中，建议采用带状稻田免翻耕移栽或直接播种。有两种方法可以将水稻幼苗移栽到未搅浆的土壤中，使土壤扰动降至最低。第一种方法是，使用多功能多作物播种机在非饱和土壤中制备条带，给田地蓄水，浸泡18～24小时以软化土壤，再人工或用手扶式插秧机将秧苗移栽到条带中。第二种方法是，使用一种实验性水稻插秧机，这种插秧机也适合窄带耕作机制（Haque 和 Bell，2019）。

用于种植水稻的未搅浆土壤也有利于旱地作物在旱季的生长，因为与水涝相关的问题较少，土壤结构也不会因搅浆整地而遭破坏。

> 改进农艺措施，包括直接播种以及土壤肥力和养分管理，有助于提高小农户的生产力和收入（具体目标2.3）。

作物留茬。在传统耕作系统中，稻茬可能会阻碍后续作物的生长。在许多地区，农民更喜欢大量焚烧作物残茬。在保护性农业中，作物残茬被保留在土壤表面，以改善土壤健康状况和结构，降低土壤温度，最大限度地减少杂草侵扰，节约用水，减少温室气体排放（粮农组织，2016）。

> **◆ 插文 11　多样化水稻种植系统**
>
> 　　水稻-小麦种植系统是印度河-恒河平原分布最广的种植系统，占地 1 350 万公顷，每年生产 8 000 万吨水稻和 7 000 万吨小麦（粮农组织，2016）。尽管绿色革命取得了成功，使多达 10 亿人免于饥荒，但事实证明，其方法是不可持续的，因为绿色革命是建立在肥沃土地集约化的基础上，没有扩展到边缘地区，因此自给农民几乎没有受益。为了解决这一问题，水稻-小麦联盟于 20 世纪 90 年代引入了水稻-小麦种植系统，该联盟由国际农业研究磋商组织倡议成立，隶属于各国家农业研究中心。该系统采用激光辅助平整土地、固定道垄作和水稻旱播等技术，在夏季季风期间生产水稻，在短暂的冬季生产小麦。长生育期品种被短生育期品种所取代。旱直播方式减少了用水量、能源成本和劳动力需求。
>
> 　　过去二十年里，水稻-玉米种植系统在亚洲迅速推广，现种植面积达 330 多万公顷。在南亚和东南亚，数百万名稻农在旱季种植高产杂交玉米，耗水量更少，收入更高。推广速度最快的是孟加拉国，那里的农民已经开始种植玉米，将其作为饲料出售给家禽养殖业（粮农组织，2016）。

5.3.2　改良水稻作物与品种

　　培育抗性品种是应对非生物和生物胁迫的一种手段（Ali 等，2017）。国际农业研究磋商组织下属的两个研究中心——国际水稻研究所（IRRI）和非洲水稻中心，与各国农业研究和推广系统合作，开发了改良的水稻品种。在过去五十年里，这些改良品种已经在许多国家上市。国际水稻研究所和非洲水稻中心共同保护了约 15.2 万份水稻种质资源（国际农业研究磋商组织水稻研究计划，2021；国际水稻研究所，2021；非洲水稻中心，2020）。这些种质资源是水稻性状库，可用于逐步提高水稻作物对气候变化影响的适应能力。培育改良品种现在可以利用越来越多的高效育种方法。针对低温室气体排放品种的研究已在进行，其中印度的研究发现，种植 IR-36 和 Aghoni 水稻品种的农田甲烷排放量最少（Gogoi 等，2008）。中国最近的研究发现，高产品种在土壤有机碳含量高的条件下，甲烷排放量实际上可能会更低（Jiang 等，2017）。

> 　　在植物育种中使用地方品种和作物野生近缘种，有助于保持栽培植物的遗传多样性（具体目标 2.5）。通过技术转让采用改良作物品种对于气候变化适应策略必不可少（具体目标 13.1）。加强正式和非正式种子系统之间

的合作以改善种子供应，有助于推动建立有效的公私和民间社会伙伴关系（具体目标 17.17），并创造体面的农村就业机会（具体目标 8.5）。

行动措施

农民采用适合当地条件的作物品种是一种重要的适应性做法。在非洲，改良作物品种的采用率及其优质种子的使用率极低，如果农民继续采用现有品种，气候变化预计将在所有情境下对作物产生负面影响。如果农民采用改良品种，气候变化则更有可能产生积极影响（粮农组织，2016）。广泛采用通过育种方案开发的改良品种，特别是由国际水稻研究所和非洲水稻中心及各国合作机构开发的改良品种，将极大有助于提高水稻生产系统对气候变化的适应能力。就此而言，农民需要采用优质品种种子，这些品种对当前生物和非生物胁迫具有抗性并能很好地适应当地农业生态系统和生产系统。早代种子的提前供应及反季节繁育是提高种子生产效率的一种方式，将使农民能够以可承受的价格及时获得种子。种子系统必须因地制宜，尤其重要的是要将以社区为基础的优质种子生产纳入种子系统，包括中小型企业的种子生产，这可以满足资源匮乏型农民的需求，现在农民主要从缺乏质量保证的非正规渠道采购种子。

利用水稻遗传改良方面的研发成果，帮助水稻生产系统适应气候变化，如采用为解决稻农面临的一系列问题而开发的品种。

①倒伏（茎秆向地面倾斜）

国际水稻研究所开发的"绿色革命"半矮秆水稻品种 IR8 具有坚硬的茎秆，可以抵抗强风和暴雨，产量是当地品种的 10 倍（国际水稻研究所，2016）。

② 干旱

干旱在某些水稻种植区频发，需要进一步研究开发耐旱品种（粮农组织，2016）。国际水稻研究所的科学家已经确定了水稻基因组中赋予耐旱性的几个关键区域，并计划将耐旱性引入普遍种植的高产水稻品种（国际水稻研究所水稻知识库，2021）。非洲水稻中心研发的非洲新稻（NERICA）系列水稻品种是亚洲栽培稻（*Oriza sativa*）和非洲栽培稻（*Oriza glaberrima*）的杂交品种。这一系列水稻品种兼具非洲栽培稻的抗性（包括对非生物胁迫的抗性）和亚洲栽培稻的高产性（西非稻米发展协会，2001，2002）。旱地非洲新稻品种的抗性包括耐旱性。这一特性使其在水分受限、干旱频繁的条件下也能高产，这种水稻目前种植在撒哈拉以南非洲地区。

③洪涝和淹涝

大多数高产水稻品种易受水灾影响，如果长时间完全淹没在水中，植株就会受损。亚洲各地已经培育了几种耐涝的地方品种，包括能够快速生长并存活下来的深水品种（国际水稻研究所水稻知识库，2021）。农民越来越容易获得耐短期暴洪和长期滞洪的改良水稻品种（Kato 等，2019）。国际水稻研究所与美国加州大学戴维斯分校合作培育了耐淹水稻品种，这些品种已在几个亚洲国家推出，包括孟加拉国、印度、印度尼西亚和菲律宾（BaileySerres 和Voesenek，2010；Ismail 等，2013；Rumanti 等，2018）。这些品种被称为"潜稻（scuba rice）"，在完全淹没在洪水中 10～15 天后，每公顷产量比对照品种高 1～3 吨。一旦被淹没，这些植物就会进入休眠状态，并保存能量，直到洪水退去。这种适应性性状源于耐淹基因的激活，该基因已渗入到这些改良品种中，是分子育种实现了这一目标（国际水稻研究所水稻知识库，2021）。

④ 盐度

盐胁迫地区的水稻产量可能很低。国际水稻研究所的科学家发现了水稻基因组中一个名为"Saltol"的主要区域具有耐盐性，他们还开发了 100 多个耐盐优良品系（国际水稻研究所水稻知识库，2021）。

⑤ 高温和低温

温度超过 35℃ 会降低水稻产量，低温也同样会降低水稻产量。国际水稻研究所的研究表明，夜间温度每升高 1℃，水稻产量可能就会下降约 10%（国际农业研究磋商组织水稻研究计划，2021）。在某些情况下，为减轻高温造成的影响，可以进行早播或采用能够避免灌浆期高温的早熟品种（Korres 等，2017）。高产品种在较短生长季内，能够减少遭遇晚季热胁迫的风险。在南亚，季风季节种植早熟水稻品种，使得随后的小麦、玉米和其他旱季作物可以提前种植（粮农组织，2016）。来自极端温暖地区的水稻种质可用于选择性状，以培育耐高温胁迫的水稻品种（Wyckhuys 等，2013）。国际水稻研究所与韩国农村振兴厅合作，通过"东亚粳稻遗传评价（GUVA）项目"开发耐寒育种品系。该项目是一项育种计划，旨在开发适合热带地区的高产、优质和高价值温带粳稻品种，现已开发出耐寒的弱感光型粳稻（photo - insensitive japonica rice）品种（国际水稻研究所，2019）（插文 12）。

⑥ 病虫害

国际水稻研究所已培育出抗稻瘟病、纹枯病、白叶枯病和东格鲁病毒等主要病虫害的水稻品种。

⑦ 多年生水稻

多年生水稻品种主要在中国研发，并在一些亚洲和非洲国家进行试验。多年生水稻系统可以减少土壤扰动和劳动力投入。

尽量采用生长期较短的品种，以降低旱季后期可能遭遇热胁迫、缺水和盐渍（海水入侵）的风险（Won 等，2020）。

⊙ **插文 12　非洲水稻中心**

非洲水稻中心是国际农业研究磋商组织的一个农业研究中心，该中心已经开发了"非洲新稻（Nerica）"品种，并协助将其分发给农民。非洲新稻是杂交品种，将亚洲水稻的高产等性状与抗寄生杂草独脚金的非洲品种结合起来。在西非，大多数水稻种植在灌溉和排水条件较差的斜坡和谷底。

非洲水稻中心正在推广一种名为"智慧山谷"的开发方法，该方法使用的装置十分简单，如堤坝及基本的灌溉和排水基础设施。国际水稻研究所还将不同小种特异性基因结合到同一水稻品种中，以增强其对稻瘟病菌的抗性。在中国，种植抗稻瘟病杂交品种的糯米可以防止真菌接种体的形成，并大大减少农药的使用量（粮农组织，2016）。

5.3.3　有效的水源管理

稻田的季节性用水量可能是其他谷物的 2～3 倍。在重黏土土壤中，稻田的用水量为 400 毫米，而在地下水位较深的砂土或壤土中，用水量可超过2 000 毫米，亚洲灌溉水稻的平均用水量约为 1 300 毫米（国际水稻研究协作组，2013）。家庭和工业用水的增加使一些亚洲国家减少了水稻种植（粮农组织，2016）。然而，在不进行淹水的情况下种植水稻可以减少高达 70% 的用水量（Oda 和 Nguyen，2020）。一些稻农已经减少了农田的淹水次数，从而减少了甲烷排放，但全球范围内采用干湿交替灌溉的地区仍然有限。

行动措施

提高灌溉水稻生产的用水效率可以通过以下行动来实现。

改善水稻种植系统的水源管理涵盖了精细平整土地和调整灌溉制度。这些做法有助于确保水资源的可持续管理（可持续发展目标6），特别是有助于提高用水效率（具体目标6.4）。

激光辅助精细平地是一种激光制导技术，将土壤从田地的高处移除，并放置在低点，从而平整田地（国际水稻研究所水稻温室气体减排，2021）。这项技术可以节约用水，提高生产力，同时还能降低已施用肥料被雨水冲走的风险。印度河-恒河平原已经引入这项技术，借助私人承包商操作的激光制导拖拉机来实施。事实证明，使用木板和刮刀平整土地的常规做法耗水量大，产量较低，相比之下，这种方法更精准、更经济（粮农组织，2016）。

• 外围堤坝可以改善雨水的利用情况，减少对灌溉渠供水的依赖，并降低化肥被暴雨冲走的风险。

• 免耕旱播和间歇灌溉可以减少用水量（Kumar 和 Ladha，2011；粮农组织，2016）。

水稻强化栽培体系（SRI）和干湿交替灌溉模式。采用这两种方法时，低地地区的农田可以长达 10 天不浇水，从而减少了用水量和抽水的燃料费用。这些做法可以使农民由单一水稻种植转变为每年种植两茬作物。与淹水灌溉的稻田相比，这些做法允许干燥期的存在并减少淹水量，从而能够减少约 50% 的用水量（Wassmann 等，2011）。

水稻强化栽培体系是一种气候智慧型农业生态系统（插文 13），于 1983 年在马达加斯加被开发，旨在通过改变植物、土壤、水和养分的管理来提高水稻产量。在康奈尔大学的协助下，该系统得以在整个水稻种植区推广（康奈尔大学，2020）。水稻强化栽培体系基于四个相互作用的主要原则：①早期、快速和健康的植物移栽和定植；②降低种植密度以使根系和冠层生长；③通过增加有机质改善土壤条件；④减少和控制用水量。这些原则可以进行调整，以适应具体的农业生态条件和社会经济条件，现已适用于雨养和灌溉水稻，以及小麦和甘蔗等其他作物。该体系的成效包括：提高产量；减少灌溉用水需求以减少甲烷排放；节省肥料和种子（粮农组织，2016）。水稻强化栽培体系的缺点是需要更多的劳动力，这是一个可以通过技术创新来解决的制约因素。在水稻种植已接近最佳产量潜力的情况下，水稻强化栽培体系并非必要手段，但该体系可以满足土壤贫瘠、面临潜在铁毒害地区的农民需求（Dobermann，2004）。相比常规做法，在水稻强化栽培体系下，土壤水分更低，这有助于减少甲烷排放。该系统还强调了使用有机肥料的重要性，建议不要使用合成氮肥，以减少一氧化二氮的排放。间歇灌溉和施用有机肥料相结合，可以改善最靠近植物根系（根际）的土壤质量，并提高产量（Lin 等，2011）。

➲ 插文 13　稻鱼共生系统

在亚洲，稻田养鱼可以控制水稻害虫，为水稻施肥并改善人们饮食。粮农组织估计，稻鱼共生的收入比水稻单作高出 400%（粮农组织，2016）。稻田周围沟渠中的水产养殖增加了植物的营养供应，并为农民提供了额外的蛋白质来源（粮农组织，2016）。

稻田养鱼是一种古老的做法，是提高水和土地利用效率、实现农业生产多样化以及支持减缓和适应气候变化的一种可行性方案，目前正在得到推广（粮农组织，2019a）。稻田养鱼系统用鱼粪代替水稻生产所需的肥料，并降低鱼类生产对人工饲料和能源的需求，因此有助于减缓气候变化。养鱼也有利于控制杂草，有时比除草剂或人工除草更为有效（粮农组织，2016）。在通常无法种植水稻的旱季该系统可以养殖具有抗性的水生动物（如虾和半咸水鱼），从而有助于适应气候变化。该系统利用改良的灌溉系统，在干旱期或旱季供水。然而，该系统的推广仍面临一些障碍，如低成本农药的供应有限，对这类系统的益处缺乏认识，以及农民在鱼类生产投资方面获得信贷的机会有限。因此，除中国外，稻鱼共生系统的采用率较低。

干湿交替（AWD）灌溉。干湿交替灌溉是水稻强化栽培体系中经常采用的节水措施，能够在不降低产量的情况下减少灌溉用水量（国际水稻研究所水稻知识库，2021）。根据当地具体情况，农田干湿交替的间隔时间为 $1\sim10$ 天。通过这种方式，干湿交替灌溉缩短了淹水的持续时间，从而降低了抽水成本，改善了土壤结构，使农民可以将水稻与其他作物间作。干湿交替灌溉在低地地区最为有效，那里的土壤质地较细，能够保持水分，通常具有良好的连作潜力。但干湿交替灌溉很难在水稻和旱地作物（如玉米）的轮作中实施。干湿交替还有助于锌和氮的吸收，并使后续作物可以重新利用养分。此外，干湿交替灌溉还可用于减缓气候变化，已有研究证明，这种灌溉方式可以在不降低产量的情况下减少水稻生产过程中的甲烷排放。粮农组织（2019b）称，干湿交替模式是减少灌溉水稻温室气体排放的最可行做法，平均可减少 30％的用水量、30％的燃料消耗及 40％的甲烷排放（因为在干燥阶段，产生甲烷的细菌受到抑制）。干湿交替灌溉还能减少氮肥和化学农药的消耗，从而最大限度地减少一氧化二氮的排放，并降低因生产投入而产生的间接排放（国际水稻研究所水稻温室气体减排，2021）。

旱稻种植在干燥的土壤中，只有在必要时才进行灌溉。旱稻种植所采用的品种能够适应缺水雨养地区排水良好、未搅浆的土壤。旱稻产量可达水作水稻产量的 75％～80％，但所需的水量和劳动力却减少了 50％～70％（粮农组织，2016）。通过水分、养分和杂草的集约化管理，旱作水稻产量与常规水作水稻产量相当，特别是在温带地区，如东亚和巴西，旱稻通常被称为有氧水稻（Kato 和 Katsura，2014）。

5.3.4 害虫综合治理

害虫、病原体及病害

气候变化对害虫和病原体的影响在很大程度上取决于水稻品种和种植地点。地表温度升高可以提高食草性昆虫的代谢率（即提高其消耗的植物组织量）和种群生长速度，从而对昆虫造成影响。在一些热带地区，昆虫种群的增长速度可能会随着气温的上升而下降。但是，因温度升高而造成的代谢率提高最终会造成产量损失。在温带地区，随着气温上升，昆虫种群的规模和代谢率预计都会增加，从而造成更大的产量损失。全球平均地表温度升高 2℃ 时，虫害造成的水稻产量损失中位数预计将增加 19%，相当于每年 9 200 万吨（Deutsch 等，2018）。一项研究发现，最高温度的升高与某些水稻害虫（如稻纵卷叶螟）的种群水平呈正相关（Ali 等，2019）。

随着全球气温上升，高纬度地区气温出现新高，这使得新的害虫和病原体得以生存。已有迹象表明，由于气候变暖，某些水稻害虫可能会扩大活动范围（Osawa 等，2018）。一项涵盖 2010—2069 年气候变化情景的模拟研究显示，由于气温升高，在印度河-恒河平原，水稻叶瘟病感染水稻植株的能力预计将在冬季增强。然而，在同一时期，这种病害的感染能力预计在季风季节会保持稳定，甚至下降（Viswanath 等，2017）。在坦桑尼亚，一项有关病害造成的水稻产量损失建模研究显示，未来 30 年，叶瘟病导致的产量损失呈下降趋势，而白叶枯病导致的产量损失则呈上升趋势（Duku 等，2015）。

啮齿动物活动于低地灌溉水稻中，可能会拔掉移栽的作物，破坏幼苗，并在作物成熟时以其为食。有几种非化学方法可以用来控制啮齿动物，包括：将稻谷高度控制在 30 厘米以下，防止啮齿动物挖洞；保持农田、村庄、粮库周围地区的清洁；与邻居协调一致的种植时间（国际水稻研究所水稻知识，2021）。已有实例证明围栏捕鼠系统在灌溉稻田中可有效诱捕啮齿动物。这类系统可用于种植时间较早的田地，因其比周围农田种植更早，因此能吸引更大范围内的啮齿动物。

害虫。飞虱、叶蝉、卷叶螟和各种稻螟虫是对水稻最具破坏性的害虫。飞虱和叶蝉吸食叶子和茎上的汁液，从而对植物造成直接损害。叶蝉侵害植物的地上部分，而飞虱主要侵害植物的根部。飞虱摄食使植株变黄，在高种群密度下，植株变得完全干燥。绿叶蝉吸食植物汁液，并传播病毒性疾病东格鲁病和由其他病毒引起的疾病（如黄矮病、黄橙叶病、暂黄病和矮缩病）。螟虫是一类危害性极大的昆虫，以分蘖为食，可以在水稻生长的所有阶段对其造成损害。稻田螟虫侵害常涉及多种螟虫。卷叶螟幼虫从叶子的一个边缘向另一个边缘吐丝。随着丝的收缩，叶子会褶皱，幼虫以褶皱内的绿色组织为食，导致叶子变干，阻碍光合作用（粮农组织，2016）。

福寿螺。小管福寿螺和斑点福寿螺这两个入侵物种通常被统称为福寿螺，会对水稻种植造成损害。20 世纪 80 年代，福寿螺被从南美洲引入亚洲，原本要作为食物。福寿螺以水稻幼苗和嫩芽为食，通过供水路径和洪水传播，可在泥浆中冬眠长达 6 个月之久（国际水稻研究所水稻知识库，2021）。

常见的水稻病害包括白叶枯病、细菌性条斑病、细菌性叶鞘褐腐病、稻瘟病和纹枯病。种植抗病品种通常是最佳和最具成本效益的防治策略（国际水稻研究所水稻知识库，2021）。

> 通过农民田间学校模式对农民进行害虫综合治理培训，可以帮助他们获得新的技术和职业技能（具体目标 4.4）。
>
> 性别平等的种子系统有助于让女性有平等的机会获得种子，可以增强妇女权能（具体目标 5.b）。

行动措施

害虫综合治理（IPM）是一种针对作物生产和作物保护的生态系统方法，也是为了应对农药的大范围滥用。在开展 IPM 时，农民选择基于实地观察的自然方法来管理害虫。这些方法包括生物防治（即借助害虫天敌）、选种抗虫性品种、改变栖息地和改进栽培方式（即从种植环境中去除或引入某些元素以降低环境对害虫的适宜性），而理性、安全地喷洒经严格筛选的农药应作为兜底方式（粮农组织，2016）。

> 害虫综合治理强调尽量减少有害化学农药的使用，有助于陆地生态系统的可持续管理（具体目标 15.1），并减少陆地活动对海洋的污染（具体目标 14.1）。
>
> 害虫综合治理的成功实施有助于预防可能严重损害作物并造成饥荒的虫害（具体目标 2.1）。
>
> 害虫综合治理有助于化学品在整个存在周期的无害化环境管理，减少其排入大气以及渗漏到水和土壤中的概率，从而最大限度地减少其对人类健康和环境的影响（具体目标 12.4）。
>
> 害虫综合治理还能减少空气、水和土壤污染引起的疾病，从而有益于人类健康（具体目标 3.9）。

农民可以用来管理水稻害虫的农艺措施包括：监测稻田中飞虱的数量及其天敌；种植抗性品种；优化施肥和播种期；清除受感染的植物。针对福寿螺，害虫综合治理策略包括：培育天敌、人工清除福寿螺、培育有毒植物、限制供水以及开展大规模收集福寿螺活动。在与水产养殖相结合的水稻产区，鱼类以害虫、真菌和杂草为食，减少了化学防治的需求（粮农组织，2016）。

通过农民田间学校进行培训。农民田间学校模式是一种有效的方法，与农民分享害虫综合治理原则，帮助农民在解决实际问题中进行学习。30 多年来，粮农组织的农民田间学校已经帮助 90 多个国家的 400 多万名农民提高了技能。

该模式借鉴了东南亚水稻害虫综合治理农民田间学校的经验。印度尼西亚首先认识到有必要提高生态素养，这是有效开展害虫综合治理的基础。农民田间学校模式正是在这种背景下发展起来的。杀虫剂的过量使用造成水稻生态系统中害虫的天敌大量死亡，导致飞虱二次爆发。这些虫害是各国政府主要关注的问题，因为其严重威胁水稻生产和粮食自给自足。要管理水稻系统中的飞虱和其他害虫，就需要了解作物生长过程中生态系统内的所有元素及其相互作用。农民经过田间学校培训后，通常会减少使用杀虫剂，并同时提高作物产量（粮农组织，2016）。

农民田间学校模式增强了农民对复杂农业生态系统的理解，促使农业社区改变做法，并在改进生产系统和规划未来道路方面发挥主导作用。农民田间学校建立在观察、分析和了解当地农业生态系统的基础之上。所有活动都以实地探索为基础——"田间地头就是教科书"。这些活动建立在对生物协同效应和生态系统功能全面了解的基础上，旨在满足当地需求。农民田间学校以"基层实验室"和创新为特色，确保持续更新应对气候变化所需的信息库。学习过程的重点是根据当地的环境和具体气候条件来确定的。将对种植制度和天气模式的分析纳入农民田间学校的学习周期，以确定各种风险和可行性适应性方案。农民田间学校可以测量降水量和温度，与气象中心互动，并评估作物的需水量（插文 14）。

> **⊙ 插文 14 塞内加尔农民-研究人员关于水稻强化栽培体系的合作和经验学习**
>
> 　农民田间学校在塞内加尔河谷中部的三个地点进行了为期三个农作季节的适应性研究试验，对不同的灌溉水稻管理系统进行了测试。目的是对水稻强化栽培体系和农民原本的做法进行评估比较，依据农艺和社会经济可行性推荐管理做法。2008 年旱季，相比农民的做法，推荐的管理做法使每公顷水稻增产 2.3 吨（产量提高了 44%），而水稻强化栽培体系使所有试验地点每公顷水稻增产 2.6 吨（产量提高了 50%）。农民在试验后的会议上分析了自己的经验。他们肯定了水稻强化栽培体系在提高产量和节约用水方面的潜力，但发现该体系需要大量劳动力，特别是在从事农艺活动的同时，还要进行杂草管理。农民表示，在推荐的管理做法中，除草剂使用率较高，花费过多。他们指出，由于农用化学品市场运转不良，很难获得超过农民常用剂量的除草剂。为改进推荐的管理系统，以适应农民的需求和财务状况，农民田间学校合作开展了第四次"农民适应性实践"，将推荐的

管理做法与水稻强化栽培体系相结合。农民的适应性做法是在营养后期（即第一个分蘖出现之前）使用间歇灌溉，采用推荐的作物密度和中间苗龄，然后进行一轮机械除草，随后局部施用除草剂。在接下来的几个农作季节里，农民将这种做法与最初推荐的管理做法进行了比较。尽管在推荐管理做法、水稻强化栽培体系和农民适应性做法之间并未发现产量差异，但采用上述每种做法后，作物每公顷产量都明显高于农民原本的做法。与推荐的管理做法或水稻强化栽培体系相比，农民的适应性做法还在没有增加杂草生物质的情况下，减少了劳动力需求，所使用的除草剂比推荐的管理做法少 40%，比农民原本的做法少 10%。农民的适应性做法提高了净利润潜力，降低了经济风险。在 2009 年旱季试验之前，塞内加尔政府取消了除虫剂补贴，使除虫剂成本翻倍。与农民原本的做法相比，推荐的管理做法使每公顷水稻增产 2.9 吨；水稻强化栽培体系使每公顷水稻增产 3 吨；农民适应性做法使每公顷水稻增产 3.1 吨。农民的适应性做法还减少了除草劳动力和除草剂需求，降低了所有地点的生产风险（Krupnik 等，2012）。

　　直接播种有助于防止杂草种子混入根区，并能增加作物系统的韧性。当种植旱地非洲新稻品种时，直接播种在非洲尤为有效（粮农组织，2016）。旱直播的一种方法是采用高播种量，可使冠层迅速关闭，与低播种量相比，有助于抑制杂草生长。低播种量可能会促进杂草生长，因为植物需要更多的时间来关闭冠层（Ahmed 等，2014）。研究还表明，增加水稻残茬会抑制各种杂草的出苗。就其他作物品种而言，增加残茬会减少杂草生物质或减缓杂草幼苗的出苗和生长（粮农组织，2016）。

　　干湿交替灌溉可以减少某些病虫害（插文 15），但效果应根据具体情况进行评估，因为干湿交替灌溉可能会造成其他害虫和杂草的数量增加。由于淹水频率的减少，干湿交替灌溉还可能有助于防止蚊虫侵扰和其他水传播疾病的发展（Allen 和 Sander，2019）。

➲ 插文 15　水稻医生

　　"水稻医生"是一种诊断工具，可帮助农民和农业推广人员诊断 80 多种由病虫害和非生物胁迫引起的作物问题。"水稻医生"支持可视化诊断，通过提供来自全球的知识和信息，为各种问题的预防和管理提供指导。

　　"水稻医生"的访问网址：http：//www.knowledgebank.irri.org/decision-tools/rice-doctor。

5.4 减缓气候变化的方法

水稻生产系统中存在一系列支持减缓气候变化的方案，此类方案有助于全球实现可持续发展目标13，尤其是按照可持续发展目标13.2.2（减少国家温室气体排放）的标准来看。水稻生产系统减缓策略的可用方案能够减少温室气体排放，特别是能够减少有机物质厌氧分解产生的甲烷排放和施用氮肥造成的一氧化二氮排放。这些减缓策略的关键要素包括：进行中期晒田、间歇排水和旱播（以减少持续淹水造成的甲烷排放）；种植短生育期水稻品种；采用激光平地、机械移栽和可持续机械化；实施替代稻草管理方案和实地养分管理以及施用生物炭和生物肥料。其中许多策略为环境和人类健康带来了共同益处，并可能为农民和农业社区带来更大的经济回报。

5.4.1 减少温室气体排放

厌氧分解会产生甲烷排放，而除了这一关键问题外，还有必要对氮肥所造成的影响进行详细研究。氮肥是最常用的无机肥料。世界上几乎一半的人口依靠氮肥生产粮食，全球60%的氮肥用于生产三大谷物：水稻、小麦和玉米（Ladha 等，2005）。然而，过量使用氮肥会危及生态系统和人类健康。使用无机肥和有机肥会对环境产生若干负面影响，如水体富营养化、空气污染、土壤酸化、土壤中硝酸盐和重金属的积累（Mosier 等，2013），特别是含有氮和硫的肥料会导致一氧化二氮和二氧化硫的排放。

提高养分和肥料的利用效率不仅可以降低温室气体排放，还可以减少陆地、淡水和海洋生态系统中的营养盐污染，并增强生态系统服务（具体目标15.1，6.3，14.1）。

提高养分和肥料的利用效率有助于实现化学品在整个存在周期的无害化环境管理，减少它们排入大气以及渗漏到水和土壤中的概率，从而最大限度地减少对人类健康和环境的影响（具体目标12.4）。

提高养分和肥料的利用效率可以减少与空气、水和土壤污染相关的疾病，从而有助于改善人类健康状况（具体目标3.9）。

行动措施

中期晒田和间歇排水可以减少甲烷排放。在中国和日本的水稻灌溉区，中期晒田是一种常见的做法（国际水稻研究协作组，2013）。然而，这类做法会增加二氧化碳和一氧化二氮的排放量（Miyata 等，2000；Saito 等，2005；Wassmann 等，2011）。在间歇排水制度下，二氧化碳和一氧化二氮的排放量会有所增加，并达到比持续淹水更高的水平（粮农组织，2016）。这是因为排水使氧气可用于硝化或反硝化作用，从而产生一氧化二氮（Xiong 等，2007）。当大量施用氮肥时，一氧化二氮排放量的增加可能会抵消甲烷排放量的减少。因此，水管理实践应与有效施肥相结合（Wassman 等，2011）。氮肥可以促进作物生长，但也会对产生甲烷的微生物（产甲烷菌）和消耗甲烷的微生物（甲烷氧化菌）造成影响。

施用氮肥可使作物产量增加，而作物产量的增加与每千克氮造成的甲烷排放量增加密切相关。这是因为土壤中富含碳的生物质（碳基质）有所增加，会促进产甲烷菌的生长（Bange 等，2012）。

采用短生育期水稻品种。传统水稻品种需要 160～200 天才能收获，而改良的短生育期品种可在 90～110 天内即可收获（国际水稻研究所水稻温室气体减排，2021）。这不但缩短了甲烷的排放时间，而且在某些情况下，创造了种植额外作物的新机会，可以增加碳固存及提高农民收入。

激光平地技术可以节约能源，减少耕作时间，提高投入物利用效率，从而减少温室气体排放（国际水稻研究所水稻温室气体减排，2021）。

用机械移栽（机械插秧）代替人工移栽，可以减少种植时间，提高用水效率，从而减少温室气体排放。当与激光平地技术结合使用时，这种方法最为有效，可以减少灌溉所需的时间和水量。改进种植设施可以提高产量，从而降低单位产量的温室气体排放量（国际水稻研究所水稻温室气体减排，2021）。

旱播水稻能够减少甲烷排放，因为在农作季节的大部分时间里，土壤都是好氧的。

可持续机械化与保护性农业相结合，可减少二氧化碳排放，最大限度地降低土壤扰动，并减少非免耕作物系统中常见的土壤侵蚀和退化问题（粮农组织，2017）。插文 16 介绍了免耕播种机，该播种机已被证明可以减少水稻-小麦种植系统中的温室气体排放。

⊃ 插文 16 印度河-恒河平原稻麦种植系统中的"快乐播种机"

"快乐播种机"是一种安装在拖拉机上的免耕播种机。该播种机首先在大量水稻残茬中播种小麦种子，随后将这些残茬作为覆盖物覆盖在播种区。国际玉米小麦改良中心发现，在使用"快乐播种机"的种植系统中，残茬管理措施最有利可图、最具推广价值，已证明比焚烧残茬的利润平均高出10%～20%。与所有焚烧残茬方式相比，这类系统每公顷可减少78%的温室气体排放量。水稻种植中广泛采用的残茬焚烧方式严重加剧了空气污染并产生大量短期气候污染物（国际玉米小麦改良中心，2019）。

用替代管理方案取代焚烧稻茬，包括将其用作土壤改良剂、牲畜饲料或生物能源原料，可减少空气污染，有益于人类健康和环境（具体目标3.9；具体目标15.1）。

这些替代方案还有助于提高可再生能源的比例（具体目标7.2），并通过回收副产品减少废物产生（具体目标12.5）。

稻草管理方案。稻草是收割稻谷后的副产品。将稻草留在土壤中会延迟下一茬作物的整地时间，而将其从地里移走需要大量劳动力，因此经常采用田间焚烧的方式处理稻草。这种做法会产生甲烷、一氧化二氮和二氧化硫排放，还会产生粗粒粉尘和细颗粒物等空气污染物，影响空气质量。然而，水稻残茬可以通过田间和非田间方案来管理。稻草掺入稻田土壤，分解速度慢，可能会增加排放量，因此研究人员开发了一种利用真菌接种物加速分解的技术（Goyal，Sindhu，2011；Ngo等，2012）。该技术使用了一种收割机，能切碎稻草并同时向其中喷洒真菌接种剂。采用非田间管理方案时，可将稻草收割，用于食用菌和能源生产、生物炭生产或用作牲畜饲料（国际水稻研究所水稻知识库，2021）。

实地养分管理。通过实地养分管理，肥料利用率得到了提高，这一管理策略优化了现有土壤养分的利用，并填补了矿物肥料利用的空白（粮农组织，2016）。这一管理方法包括使用一种低成本的塑料"叶色卡"，该色卡由国际水稻研究所及其合作伙伴联合推出，可使稻农能够确定施用尿素肥料的最佳时机。农民将水稻叶片颜色与特定作物缺氮量对应的色卡进行比较。这种色卡在不牺牲产量的情况下，帮助农民减少了约20%的尿素用量。氮利用率的提高可以减少氮肥生产过程中产生的一氧化二氮排放和温室气体间接排放。根据实地养分管理原则，国际水稻研究所最近开发了水稻作物管理器（RCM），这是一种基于网络的决策支持工具，用于准确规划菲律宾的实地养分管理（Buresh等，2019），通过校准算法计算出实现目标产量所需的氮、磷和钾肥。所开发的算法和程序也可用于升级其他国家的水稻养分管理决策支持工具。

生物炭的应用可减少10%～60%的甲烷排放量，具体减排量取决于土壤类型（粮农组织，2019b）。连续施用生物炭可以提高水稻的氮素利用效率，增加籽粒产量（Huang等，2018）。应用生物炭是一种极具前景的方法，可以显著减少稻田的一氧化二氮排放量，具体减排量取决于所用原料的类型和生物炭的制备温度。该方法还可以将土壤 pH 提高 11％ 以上，水稻产量提高 16％ 以上（Awad 等，2018）。

©粮农组织/Roberto Grossman

施用生物肥料可以减少水稻田中甲烷和二氧化碳的排放量（Kantha 等，2015）。有机稻田和盐渍稻田产量低，且排放甲烷，会导致全球变暖。然而，生物肥料中所含的有益微生物可以提高甲烷氧化菌的活性，从而抑制甲烷排放。在现有的各种生物肥料中，紫色非硫细菌（如沼泽红假单胞菌）已确定对植物无毒，并有可能提高水稻产量，同时减少甲烷和二氧化碳排放（插文 17）。

> **⟳ 插文 17　泰国水稻国家适当减缓行动（NAMA）**
>
> 　　泰国是水稻相关温室气体的第四大排放国。该国 55％ 的农业温室气体排放量来自水稻种植，产生了 2 780 万吨二氧化碳当量。为了减少排放并支持国家减缓目标，泰国农业部制定了泰国水稻国家适当减缓行动。该项目由国家适当减缓行动基金资助，于 2018 年 8 月生效。目标是到 2023 年，向泰国中部的 10 万名稻农推介低排放耕作技术，并将温室气体排放量与正常情况相比减少 29％。泰国计划采用干湿交替灌溉来实现减缓目标，在 2013 年发生严重干旱后，首次开始采用该灌溉模式来减少用水。农民将干湿交替灌溉与激光平地技术相结合，并通过安装带孔塑料管来显示土壤水位何时下降到需要重新灌溉的程度，从而可减少约 30％ 的用水量。他们还用一种依靠机器操作的稻草和残茬管理系统来取代传统的稻草焚烧。在该系统中，有机材料被收集起来出售，用于牲畜饲料或生物能源生产。基于土壤分析的实地养分管理将用于减少一氧化二氮排放（国家适当减缓行动基金会，2019）。

5.5　有利的政策环境

向气候智慧型农业（CSA）转型需要推广具体的气候智慧型农业实践，这需要强有力的政治承诺，以及应对气候变化、农业发展和粮食安全等相关部门之间的一致性和协调性。在制定新政策之前，政策制定者应系统地评估当前农业和非农业协议和政策对 CSA 目标的影响，同时考虑其他国家农业发展的优先事项。政策制定者应发挥 CSA 三个目标（可持续生产、适应气候变化和减缓气候变化）之间的协同效应，解决潜在的利弊权衡问题，并尽可能避免、减少或补偿不利影响。了解影响 CSA 实践被采用的社会经济障碍、性别差异障碍以及激励机制，是制定和实施支持性政策的关键所在。

除支持性政策外，有利的政策环境还包括：基本制度安排，利益相关者的参与和性别考虑，基础设施，信贷和保险，农民获得天气信息、推广服务和咨询服务的渠道以及市场投入/产出。旨在营造有利环境的法律、法规和激励措施为可持续气候智慧型农业的发展奠定了基础，然而目前仍存在一些风险，可能妨碍和阻止农民对行之有效的 CSA 实践和技术进行投资，而加强相关机构能力建设对于支持农民、推广服务和降低风险至关重要，这有利于帮助农民更好地适应气候变化带来的影响。配套的机构是农民和决策者的主要组织力量，对于推广气候智慧型农业实践举足轻重。

可持续水稻生产的治理平台及相关倡议。利益相关者的参与和多利益相关方平台是创造有利政策环境的重要因素。以下倡议和平台为水稻生产的可持续性奠定了基础。这些倡议和平台不仅为政府部门提供了支持，而且在公共部门、私营部门以及致力于推动采用气候智慧型做法的研究机构和国际组织之间建立了普遍联系。

可持续水稻平台（SRP）是联合国环境规划署（UNEP）和国际水稻研究所于 2011 年成立的一个多利益相关方平台。可持续水稻平台能够提高全球水稻行业中贸易流、生产和消费活动以及供应链等方面的资源效率和可持续性。该平台为私人、非营利组织和个人以及公益活动者提供可持续的生产标准和推广机制，有助于增加全球平价水稻的供应，改善水稻生产者的生计，减少水稻生产对环境的影响。可持续水稻平台制定了可持续水稻种植标准（标准 2.1），这是世界上第一个自发性水稻可持续标准。该标准有 46 项要求，分为 8 个主题，每个主题旨在达到特定的可持续性影响目标。该标准是针对农场层面所造成的影响而制定的，并有一组 12 个量化绩效指标来衡量进展情况（可持续水稻平台，2021）。

可持续水稻景观倡议以可持续水稻平台的工作内容为基础，于 2018 年在全球环境基金（GEF）第六届大会期间启动。该倡议在全球环境基金第七期项目的框架内开展，旨在通过公私伙伴关系满足全球对可持续水稻生产日益增长的需求，努力实现可持续发展目标，实现国家温室气体减排目标，恢复退化的景观，保护生物多样性。该倡议由粮农组织、德国国际合作机构（GIZ）、国际水稻研究所、可持续水稻平台、联合国环境规划署与世界可持续发展工商理事会（WBCSD）联合发起，在景观和政策层面与各国政府和价值链行为者合作，以促进采用行之有效的气候智慧型最佳做法（粮农组织，2020）。

非洲水稻发展联盟（CARD）是一个由捐助者、区域组织和国际组织组成的协商小组，为撒哈拉以南非洲国家提供政策支持，使其能够实现稻米自给自足。非洲水稻发展联盟第二阶段（2018—2030 年）的目标是协助非洲国家到2030 年将水稻产量从每年 2 800 万吨增加到 5 600 万吨。该联盟支持成员国制定国家水稻发展战略（NRDS）。第二阶段采用了"国际农业研究磋商组织水稻研究计划（RICE）"所提出的方法，该方法包括四方面要素：韧性、工业化、竞争力和赋权。第二阶段将继续关注价值链发展和跨领域活动，以增强能力建设并与私营部门建立牢固的伙伴关系（非洲水稻发展联盟，2021）。

©粮农组织/Hoang Dinh Nam

5.6 结论

水稻生产系统需要进行调整，以确保在气候变化条件下继续为粮食安全、农民生计和可持续粮食体系做出贡献。具体的适应和减缓办法将因地而异。世界各地的水稻产区有着各种各样的农业生态条件、土壤微气候、气候风险及社会经济背景，需要收集数据和信息以确定最佳行动方案，并根据当地需求调整做法，这一点至关重要。此手册提供的信息有利于帮助我们持续学习，促进未来政策的改进。各级利益相关者之间需要密切协调与合作，以营造有利的环境，使农民能够采取有针对性的措施，在面对气候变化时提高水稻生产的能力、韧性和可持续性。

气候变化对水稻生产系统造成的确切挑战仍不确定。这些挑战因地区而异，但可以肯定的是，对于已经着手应对重度粮食不安全的国家来说，气候变化带来的挑战尤为艰巨。然而，要克服这些挑战，仍有一条明确的解决之道。相关可行性做法包括采取因地制宜的有效农艺措施，如保护性农业、有效水源和养分管理以及害虫综合治理。这些做法将进一步提高种植改良水稻品种所获得的收益。

5.7 参考文献

AfricaRice. 2020. AfricaRice Center，Côte d'Ivoire.（Accessed 24 July 2020）. http：//eservices. africarice. org/argis/search. php.

Ahmed, S.，Salim, M. &Chauhan, B. S. 2014. Effect of weed management and seed rate on crop growth under direct dry seeded rice systems in Bangladesh. PLoS ONE，9（7）：e-101919. https：//doi. org/10. 1371/journal. pone. 0101919.

Ali, S. A.，Tedone, L. &de Mastro, G. 2017. Climate variability impact on wheat production in Europe：Adaptation and mitigation strategies. In M. Ahmed&C. Stockle C.，eds. Quantifification of Climate Variability，Adaptation and Mitigation for Agricultural Sustainability，pp 251 – 321. Springer，Cham. https：//doi. org/10. 1007/978 – 3 – 319 – 32059 – 5 _ 12.

Allen J. M，&Sander B. O. 2019. The Diverse Benefifi ts of Alternate Wetting and Drying （AWD）. Los Baños，Philippines，International Rice Research Institute. https：//cgspace. cgiar. org/bitstream/handle/10568/101399/AWD _ Co – benefifi ts v2. pdf.

Awad, Y. M.，Wang, J.，Igalavithana, A. D.，Tsang, D. C.，Kim, K. H.，Lee, S. S. &Ok, Y. S. 2018. Biochar effects on rice paddy：metaanalysis. Advances in Agronomy，148：1 – 32. https：//doi. org/10. 1016/bs. agron. 2017. 11. 005.

Bailey – Serres, J. &Voesenek, L. 2010. Life in the balance：a signaling network controlling survival of flooding. Current Opinion in Plant Biology，13（5）：489 – 494.

Banger, K.，Tian, H.，&Lu, C. 2012. Do nitrogen fertilizers stimulate or inhibit methane emissions from rice fields? Global Change Biology，18（10）：3259 – 3267. https：//doi. org/10. 1111/j. 1365 – 2486. 2012. 02762. x.

Bouwman, A. F. 1989. The role of soils and land use in the greenhouse effect. Netherlands Journal of Agricultural Science，37：13 – 19.

Buresh, R. J.，Castillo, R. L.，Torre, J. C. D.，Laureles, E. V.，Samson, M. I.，Sinohin, P. J. &Guerra, M. 2019. Site – specific nutrient management for rice in the Philippines：Calculation of field – specific fertilizer requirements by Rice Crop Manager. Field Crops Research，239：56 – 70. https：//doi. org/10. 1016/j. fcr. 2019. 05. 013.

Cairns, J. E.，Hellin, J.，Sonder, K.，Araus, J. L.，MacRobert, J. F.，Thierfelder,

C. & Prasanna, B. M. 2013. Adapting maize production to climate change in sub – Saharan Africa. Food Security, 5 (3): 345 – 360. https: //doi. org/10. 1007/s12571 – 013 – 0256 – x.

CARD. 2021. Coalition for African Rice Development (CARD), Rice for Africa [online]. [Cited 18 June 2021]. https: //riceforafrica. net/.

Chun, J. A. , Li, S. , Wang, Q. , Lee, W. S. , Lee, E. J. , Horstmann, N. , Park, H. , Veasna, T. , Vanndy, L. , Pros, K. & Vang, S. 2016. Assessing rice productivity and adaptation strategies for Southeast Asia under climate change through multi – scale crop modeling. Agricultural Systems, 143: 14 – 21. https: //doi. org/10. 1016/j. agsy. 2015. 12. 001.

Cornell University. 2020. The System of Rice Intensifification – SRI Online [online]. [Cited 18 June 2021]. http: //sri. ciifad. cornell. edu/.

CIMMYT. 2019. Happy Seeder can reduce air pollution and greenhouse gas emissions while making profits for farmers. In: CIMMYT: Press Releases [online]. [Cited 18 June 2021]. https: //www. cimmyt. org/news/happy – seeder – can – reduce – air – pollution – andgreenhouse – gas – emissions – while – making – profits – for – farmers/.

Deutsch, C. A. , Tewksbury, J. J. , Tigchelaar, M. , Battisti, D. S. , Merrill, S. C. , Huey, R. B. & Naylor, R. L. 2018. Increase in crop losses to insect pests in a warming climate. Science, 361: 916 – 919. https: //doi. org/10. 1126/science. aat3466.

Dobermann, A. 2004. A critical assessment of the system of rice intensification (SRI). Agricultural Systems, 79 (3): 261 – 281. https: //doi. org/10. 1016/S0308 – 521X (03) 00087 – 8.

FAO. 2016. Save and grow in practice: maize, rice and wheat – A guide to sustainable cereal production. Rome. (also available at www. fao. org/policy – support/tools – and – publications/resources – details/en/c/1263072/).

FAO. 2017. Climate – Smart Agriculture Sourcebook, second edition [online]. [Cited 18 June 2021] http: //www. fao. org/climate – smart – agriculture – sourcebook/about/en/.

FAO. 2019a. Sustainable Food Production and Climate Change. (also available at www. fao. org/3/ca7223en/CA7223EN. pdf.

FAO. 2019b. Rice Landscapes & Climate Change: Workshop Report (October 10 – 12, 2018). Bangkok. (also avaialble at www. fao. org/3/CA3269EN/ca3269en. pdf).

FAO. 2020. The Sustainable Rice Landscape Initiative. In: FAO: Regional Office for Asia and the Pacific [online]. [Cited 18 June 2021]. http: //www. fao. org/asiapacific/partners/networks/rice – initiative/fr/.

FAO. 2021. FAOSTAT. In: FAO [online]. [Cited 24 July 2020]. http: //faostat. fao. org.

Gogoi, N. , Baruah, K. & Gupta, P. K. 2008. Selection of rice genotypes for lower methane emission. Agronomy for Sustainable Development, 28: 181 – 186. https: //doi. org/ 10. 1051/agro: 2008005.

Goyal, S. & Sindhu, S. S. 2011. Composting of Rice Straw Using Different Inocula and Analysis of Compost Quality. Microbiology Journal, 1 (4): 126 – 138. https: //doi. org/

10. 3923/mj. 2011. 126. 138.

GRiSP (Global Rice Science Partnership). 2013. Rice almanac, 4th edition. Los Baños, Philippines, International Rice Research Institute.

Haque, Md. E. &Bell, R. W. 2019. Partially mechanized nonpuddled rice establishment: on - farm performance and farmers' perceptions. Plant Production Science, 22 (1): 23 - 45. https: //doi. org/10. 1080/1343943X. 2018. 1564335.

Haque, M. M. , Biswas, J. C. , Kim, S. Y. &Kim, P. J. 2017. Intermittent drainage in paddy soil: ecosystem carbon budget and global warming potential. Paddy and Water Environment, 15: 403 - 411. https: //doi. org/10. 1007/s10333 - 016 - 0558 - 7.

Harriss, R. C. , Gorham, E. , Sebacher, D. I. , Bartlett, K. B. &Flebbe, P. A. 1985. Methane flfl ux from northern peatlands. Nature, 315: 652 - 654. https: //doi. org/ 10. 1038/315652a0.

Kato, Y. &Katsura, K. 2014. Rice adaptation to aerobic soils: Physiological considerations and implications for agronomy. Plant Production Science. 17 (1): 1 - 12. https: //doi. org/ 10. 1626/pps. 17. 1.

Kato, Y. , Collard, B. C. Y. , Septiningsih, E. M. &Ismail, A. M. 2019. Increasing flooding tolerance in rice: Combining tolerance of submergence and of stagnant flooding. Annals of Botany, 124 (7): 1199 - 1209. https: //doi. org/10. 1093/aob/mcz118.

Krupnik, T. J. , Shennan, C. , Settle, W. H. , Demont, M. , Ndiaye, A. B. &Rodenburg, J. 2012. Improving irrigated rice production in the Senegal River Valley through experiential learning and innovation. Agricultural Systems, 109: 101 - 112. https: //doi. org/10. 1016/ j. agsy. 2012. 01. 008.

Lin, X. , Zhu, D. &Lin, X. 2011. Effects of water management and organic fertilization with SRI crop practices on hybrid rice performance and rhizosphere dynamics. Paddy and Water Environment, 9: 33 - 39. https: //doi. org/10. 1007/s10333 - 010 - 0238 - y.

Iizumi, T. &Ramankutty, N. 2016. Changes in yield variability of major crops for 1981—2010 explained by climate change. Environmental Research Letters, 11 (3): 034003. https: // doi. org/10. 1088/1748 - 9326/11/3/034003.

IRRI. 2016. The Rice that Changed the World - Celebrating 50 Years of IR8. Rice Today (Special supplement focusing on IR8). IRRI.

IRRI. 2019. Where in the world is IRRI? South Korea. In: IRRI: News [online]. [Cited 18 June 2021]. https: //www. irri. org/country - month - south - korea - may - 2019.

IRRI. 2021. International Rice Genebank. In: IRRI [online]. [Cited 24 July 2020]. https: //www. irri. org/international - rice - genebank.

IRRI Rice Knowledge Bank. 2021. Rice Knowledge Bank [online]. [Cited 18 June 2021]. http: //www. knowledgebank. irri. org/.

IRRI GHG Mitigation in Rice. 2021. GHG Mitigation in Rice: Information Kiosk. [online]. [Cited 18 June 2021]. https: //ghgmitigation. irri. org/.

Ismail, A. , Singh, U. , Singh, S. , Dar, M. &Mackill, D. 2013. The contribution of sub-mergence‐tolerant (Sub1) rice varieties to food security in floodprone rainfed lowland areas in Asia. Field Crops Research. 152: 83‐93.

Jiang, Y. , van Groenigen, K. J. , Huang, S. , Hungate, B. A. , van Kessel, C. , Hu, S. , Zhang, J. , Wu, L. , Yan, X. , Wang, L. , Chen, J. , Hang, X. , Zhang, Y. , Horwath, W. R. , Ye, R. , Linquist, B. A. , Song, Z. , Zheng, C. , Deng, A. &Zhang, W. 2017. Higher yields and lower methane emissions with new rice cultivars. Global Change Biology. 23 (11): 4728‐4738. https: //doi. org/10. 1111/gcb. 13737.

Huang, M. , Fan, L. , Chen, J. &Zou, Y. 2018. Continuous applications of biochar to rice: Effects on nitrogen uptake and utilization. Scientific Reports, 8 (article number 11461). https: //doi. org/10. 1038/s41598‐018‐29877‐7.

Kantha, T. , Kantachote, D. &Klongdee, N. 2015. Potential of biofertilizers from selected Rhodopseudomonas palustris strains to assist rice (Oryza sativa L. subsp. indica) growth under salt stress and to reduce greenhouse gas emissions. Annals of Microbiology. 65: 2109‐2118. https: //doi. org/10. 1007/s13213‐015‐1049‐6.

Korres, N. E. , Norsworthy, J. K. , Burgos, N. R. &Oosterhuis, D. M. 2017. Temperature and drought impacts on rice production: An agronomic perspective regarding short‐and long‐term adaptation measures. Water Resources and Rural Development, 9: 12‐27. https: //doi. org/10. 1016/j. wrr. 2016. 10. 001.

Kumar, V. &Ladha, J. K. 2011. Direct Seeding of Rice. Recent Developments and Future Research Needs. Advances in Agronomy, 111: 297‐413. https: //doi. org/10. 1016/B978‐0‐12‐387689‐8. 00001‐1.

Ladha, J. K. , Pathak, H. , Krupnik, T. J. , Six, J. &van Kessel, C. 2005. Efficiency of Fertilizer Nitrogen in Cereal Production: Retrospects and Prospects. Advances in Agronomy, 87: 85‐156. https: //doi. org/10. 1016/S0065‐2113 (05) 87003‐8

Le, T. 2016. Effects of climate change on rice yield and rice market in vietnam. Journal of Agricultural and Applied Economics. Journal of Agricultural and Applied Economics, 48 (4): 366‐382. https: //doi. org/10. 1017/aae. 2016. 21.

Lee, Y. 2010. Evaluation of No‐tillage Rice CoverCrop Cropping Systems for Organic Farming. Korean Journal of Soil Science and Fertilizer, 43 (2): 2002‐208.

Miyata, A. , Leuning, R. , Denmead, O. T. , Kim, J. &Harazono, Y. 2000. Carbon dioxide and methane fluxes from an intermittently flooded paddy field. Agricultural and Forest Meteorology, 102 (4): 287‐303. https: //doi. org/10. 1016/S0168‐1923 (00) 00092‐7.

Mosier, A. , Syers, J. K. &Freney, J. R. 2013. Agriculture and the nitrogen cycle: assessing the impacts of fertilizer use on food production and the environment, SCOPE Report, No. 65. Washington, D. C. Island Press.

NAMA Facility. 2019. Thai Rice NAMA. Better Rice [online]. [Cited 18 June 2021]. http: //stories. nama‐facility. org/better‐rice.

Ngo, P. T. , Rumpel, C. , Doan, T. T. &Jouquet, P. 2012. The effect of earthworms on carbon storage and soil organic matter composition in tropical soil amended with compost and vermicompost. Soil Biology and Biochemistry, 50: 214 - 220. https: //doi. org/10. 1016/j. soilbio. 2012. 02. 037.

Oda, M. &Nguyen, H. C. 2020. Methane emissions in triple rice cropping: patterns and a method for reduction. F1 000Research. https: //doi. org/10. 12688/f1000research. 20046. 3.

Osawa, T. , Yamasaki, K. , Tabuchi, K. , Yoshioka, A. , Ishigooka, Y. , Sudo, S. &Takada, M. B. 2018. Climate – mediated population dynamics enhance distribution range expansion in a rice pest insect. Basic and Applied Ecology. 30: 41 - 51. https: //doi. org/10. 1016/j. baae. 2018. 05. 006.

RICE (CGIAR Research Program on Rice). 2021. Ricepedia: the online authority on rice. [online]. [Cited 18 June 2021]. http: //ricepedia. org/challenges/climate – change.

Rosenzweig, C. , Elliott, J. , Deryng, D. , Ruane, A. C. , Müller, C. , Arneth, A. , Boote, K. J. , Folberth, C. , Glotter, M. , Khabarov, N. , Neumann, K. , Piontek, F. , Pugh, T. A. M. , Schmid, E. , Stehfest, E. , Yang, H. &Jones, J. W. 2014. Assessing agricultural risks of climate change in the 21st century in a global gridded crop model intercomparison. Proceedings of the National Academy of Sciences of the United States of America, 111 (9): 3268 – 3273. https: //doi. org/10. 1073/pnas. 1222463110.

Rumanti, I. A. , Hairmansis, A. , Nugraha, Y. , Nafifi sah, Susanto, U. , Wardana, P. , Subandiono, R. E. , Zaini, Z. , Sembiring, H. , Khan, N. I. , Singh, R. K. , Johnson, D. E. , Stuart, A. M. &Kato, Y. 2018. Development of tolerant rice varieties for stress – prone ecosystems in the coastal deltas of Indonesia. Field Crops Research, 223: 75 - 82.

Saito, M. , Miyata, A. , Nagai, H. &Yamada, T. 2005. Seasonal variation of carbon dioxide exchange in rice paddy field in Japan. Agricultural and Forest Meteorology, 135 (1 - 4): 93 - 109. https: //doi. org/10. 1016/j. agrformet. 2005. 10. 007.

SRP. 2021. Sustainable Rice Platform [online]. [Cited 18 June 2021]. http: //www. sustainablerice. org.

WARDA (West African Rice Development Association). 2001. NERICA: Rice for Life. Bouaké, Côte d'Ivoire, WARDA.

WARDA. 2002. NERICA on the Move: A symbol of hope for rice farmers in Africa. Bouaké, Côte d'Ivoire, WARDA.

Wassmann, R. , Jagadish, S. V. K. , Peng, S. B. , Sumflfl eth, K. , Hosen, Y. &B. O. Sander. 2011. Rice Production and Global Climate Change: Scope for Adaptation and Mitigation Activities. In: Advanced Technologies of Rice Production for Coping with Climate Change: 'No Regret' Options for Adaptation and Mitigation and Their Potential Uptake, 67 - 76. FAO and IRRI. http: //books. irri. org/LP16 _ content. pdf.

Wiebe, K. , Lotze – Campen, H. , Sands, R. , Tabeau, A. , van der Mensbrugghe, D. , Biewald, A. , Bodirsky, B. , Islam, S. , Kavallari, A. , Mason – D'Croz, D. , Müller,

C., Popp, A., Robertson, R., Robinson, S., van Meijl, H., & Willenbockel, D. 2015. Climate change impacts on agriculture in 2 050 under a range of plausible socioeconomic and emissions scenarios. Environmental Research Letters, 10: 085010. https://doi.org/10.1088/1748 – 9326/10/8/085010.

Won, P. L. P., Liu, H., Banayo, N. P. M., Nie, L., Peng, S., Islam, M. R., Sta. Cruz, P., Collard, B. C. Y. & Kato, Y. 2020. Identification and characterization of high – yielding, short – duration rice genotypes for tropical Asia. Crop Science, 60 (5): 2241 – 2250.

World Bank. 2007. World Development Report 2008: Agriculture for Development. Washington, DC.

Wyckhuys, K. A. G., Lu, Y., Morales, H., Vazquez, L. L., Legaspi, J. C., Eliopoulos, P. A. & Hernandez, L. M. 2013. Current status and potential of conservation biological control for agriculture in the developing world. Biological Control, 65 (1): 152 – 167. https://doi.org/10.1016/j.biocontrol.2012.11.010

Xiong, Z. – Q., Xing, G. – X. & Zhu, Z. – L. 2007. Nitrous Oxide and Methane Emissions as Affected by Water, Soil and Nitrogen. Pedosphere, 17 (2): 146 – 155. https://doi.org/10.1016/s1002 – 0160 (07) 60020 – 4.

Zhao, C. et al. 2017. Temperature increase reduces global yields of major crops in four independent estimates. Proceedings of the National Academy of Sciences of the United States of America. 114 (35): 9326 – 9331. https://doi.org/10.1073/pnas.1701762114.

第6章
可持续小麦生产

生产系统适应气候条件变化并减少环境影响

H. Jacobs、S. Corsi、C. Mba、W. Hugo、M. Taguchi、J. Kienzle、
H. muminjanov、B. hadi、P. Lidder和H. Kim

©粮农组织/Hoang Dinh Nam

©粮农组织/Jake Salvador

6.1 引言

小麦具有农艺性状适应性强、易于储存等特点，是全球种植范围最广泛的主要粮食作物之一。小麦对保障粮食安全至关重要，特别是对于发展中国家而言。然而，世界许多地区都已发现气候变化对小麦产量的负面影响。预计这些影响将变得更加明显，并将对农民生计和粮食安全产生深远影响。本章介绍了适应和减缓气候变化的方法，有助于小麦生产向更可持续、更有韧性的系统转型；同时还强调了以上方法与《2030年可持续发展议程》中可持续发展目标之间的协同效应。为了确保农民能够了解并广泛采用此类气候智慧型农业耕作方法，强有力的政治承诺、配套的支持性机构和投资必不可少。这类方法的广泛采用将有利于提高小麦产量，带来更稳定的收入，确保粮食安全，并有助于建立有韧性、可持续和（温室气体）低排放的粮食体系。

小麦的种植面积为 2.2 亿公顷，是世界上种植面积最大的农作物（粮农组织，2021；Ali 等，2017）。小麦可以适应各种温度和降水量，能在多种土壤类型中生长。最常见的小麦品种是软粒小麦（*Triticum aestivum*）和硬粒小麦（*Triticum turgidum*）。这两种小麦在世界范围内都是重要的粮食作物（Ali 等，2017）。

到 2050 年，小麦需求量预计将比当前增加 50%（国际玉米小麦改良中心，日期不详）。受小麦产量下降与价格上涨影响最大的将是那些贫困率高并依赖小麦保障粮食安全的国家。气候变化可能会迫使小麦种植向纬度更高的地区转移，因此，小农户的生计将面临越来越大的风险，特别是在全球南方国家[①]（粮农组织，2016）。

中国、印度、俄罗斯、北美和欧洲西北部的小麦产量位列世界前五（图 6-1）。在全球范围内，小麦是仅次于水稻的热量来源，也是最重要的蛋白质来源。在北非、西亚和中亚，小麦提供了高达一半的热量（国际农业研究磋商组织小麦研究项目，日期不详）。

本书是《气候智慧型农业（CSA）资料手册》（粮农组织，2017）的配套指南，概述了气候变化情景下小麦生产系统的最佳实践方法，旨在为政策制定者、研究人员和其他致力于可持续作物生产集约化的组织和个人提供参考。书

---

① 译者注：发展中国家。

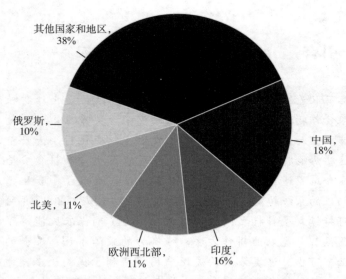

图 6-1 2015—2017 年各国家/地区小麦产量占比（%）
资料来源：粮农组织，2021。

中以通俗易懂的语言和案例，逐一介绍了可操作的干预措施，可用于提高或维持气候变化威胁下小麦生产系统的生产力。

本书介绍的可持续小麦生产策略涉及气候智慧型农业的三大支柱：持续性提高农业生产力和收入；加强适应和抵御气候变化的能力；尽可能减少或避免温室气体排放。这些策略既可以使小麦生产系统适应因气候条件变化而增加的生物和非生物胁迫，又可以减少此类系统造成的温室气体排放。这份围绕小麦而撰写的概况是气候智慧型农业系列作物概况之一。

©粮农组织/Giuseppe Bizzarri

6.2 气候变化对小麦生产的影响及预测

大气中二氧化碳和其他温室气体浓度的不断增加促使气候发生变化。气候变化已产生显著的影响，如干旱和高温，预计这将降低作物产量并影响全球粮食生产（Abraha 和 Savage，2006；Ali 等，2017）。产量下降通常由多种因素共同造成，如不利的极端温度、病害威胁（如小麦锈病）、土壤肥力下降和传统种植系统中投入品使用效率的下降。在这些因素的共同作用下，对新作物品种的需求正日益增长（粮农组织，2016）。

若干研究表明，气温较高可能会缩短生长季节，这将减少作物长出谷粒和积累生物质的时间，从而导致谷粒变小，产量降低（Giannakopoulos 等，2019；Battisti 和 Naylor，2009；Supit 等，2010；Lobel 等，2010）。随着气温升高，相比寒冷地区，温暖地区的小麦产量损失可能更大（Liu 等，2016）。Saplota 等人（2014）的研究表明，相比假设没有全球变暖的情况，受高温与阳光辐射的影响，小麦产量在研究期间（1981—2009 年）下降了 5.2%。2016 年，一项使用多种模型的研究预测显示，若气温升高 1℃，全球小麦产量损失为 4.1%～6.4%，平均产量损失为 5.7%（Asseng 等，2017；Liu 等，2016）。过去 30 年，从墨西哥索诺拉收集的实地农场产量数据显示，从 2 月到 4 月，夜间平均气温每升高 1℃，小麦产量就会下降 9%（H. Braun 和 personal communication，2020）。

小麦产量的减少，特别是在发展中国家，可能会降低小农户的收入（具体目标 2.3），影响地方和国家粮食安全（可持续发展目标 2，具体目标 2.1 和 2.2）。小麦减产可能还会妨碍消除贫困（可持续发展目标 1）和减少不平等现象（可持续发展目标 10），尤其会影响最脆弱和边缘化的社会成员，包括自给农民。

国际干旱地区农业研究中心（ICARDA）和国际玉米小麦改良中心预测，到 2050 年，高温将使发展中国家的小麦产量减少 20%～30%。麦肯锡全球研究所（2020 年）预测，截至 2030 年，小麦种植者在任意年份的产量都将比现在下降 11% 或更多，到 2050 年，降幅预计会高达 23%。然而，Challinor 等人（2014）认为，如果采取适应性措施，在热带地区和广大温带地区，即使当地气温上升 2～3℃，小麦的大部分产量损失也可以避免甚至逆转。

大气中二氧化碳的浓度升高

二氧化碳浓度升高对小麦产量和营养成分所造成的影响尚不明确。然而，在受控环境下的一些实验和模拟研究表明，大气中二氧化碳浓度的升高可以提高小麦等碳三植物（即可以在光合作用过程中产生三碳化合物的植物）的光合作用速率和生产力（Ali 等，2017）。这可能会在一定程度上抵消气候变化对小麦产量的影响。然而，大气中二氧化碳浓度的升高可能会降低小麦的营养品质。例如，在大气中二氧化碳浓度升高的情况下种植小麦，谷物中的蛋白质、锌、铁含量可能会减少（政府间气候变化专门委员会，2019）。作物对二氧化碳浓度升高的反应很可能取决于环境和作物管理等因素（Rosenzweig, Tubiello，2007）。这方面还需要进一步研究。

小麦生产对气候变化的影响

小麦生产既受气候变化的影响，同时也会造成温室气体排放。在小麦生产系统中，主要的温室气体排放源与传统的作物生产方式密不可分，其中包括：传统耕作——导致土壤有机碳的损失；氮肥和农药的使用——导致非二氧化碳温室气体（如一氧化二氮）的排放；以及造成各类排放的农业作业（如灌溉的电力消耗和农业机械的燃料消耗）。上述影响及其减缓方法将在第 6.3 节进行讨论。

6.3 适应气候变化的方法

粮农组织与相关国家开展合作，致力于减少气候变化对作物生产力的不利影响以及作物生产系统对气候变化的影响。根据该领域的经验教训，粮农组织（2019）提出了一种适应和减缓气候变化的四步法（图 6-2）：

1）评估气候风险；
2）优先考虑农民需求；
3）确定农事方案；
4）推广成功干预措施。

©粮农组织/Danfung Dennis

图6-2 "节约与增长"模式
资料来源：粮农组织，2019。

在"节约与增长"模式中，粮农组织依靠第三步来实现可持续的作物生产集约化。"节约与增长"模式涵盖了一系列做法，如发展保护性农业、采用改良的作物和品种、开展有效的水源管理和实施害虫综合治理。本节将详细介绍以上做法在小麦生产系统中的应用。

6.3.1 保护性农业

保护性农业是一种可持续的农艺管理系统，综合运用免耕或少耕、用地膜或覆盖作物覆盖土壤表面，以及作物生产多样化等多种手段（Cairns等，2013；粮农组织，2016；2017）。农业机械会扰动土壤，使有机物快速分解，降低土壤肥力，破坏土壤结构。

需要注意的是，保护性农业可能成为特定病虫害（如真菌性褐斑病和斑枯病，以及蜗牛、蛞蝓和老鼠等虫害）的催化剂。这可能会妨碍小农户采用保护性农业措施。然而，与病虫害相关的问题是可以防治的，并且随着保护性农业长期效益的增加，此类问题会逐渐减少（Thierfelder等，2018）。要对农民进行有效防治病虫害的培训，就离不开农学家和推广人员的讨论及反馈，特别是在向保护性农业转型所需的五年左右过渡阶段。若要将保护性农业作为主要策略，就需要更加重视相关培训（Leake，2003）。

印度河-恒河平原横跨南亚，包括孟加拉国、印度、尼泊尔和巴基斯坦，总面积达225万平方公里，是18亿人的粮仓。在这片平原上，采用保护性农业的集约化水稻-小麦耕作系统和玉米-小麦耕作系统显著改善了土壤的物理和化学性质（Jat等，2009；粮农组织，2016）。在印度河-恒河平原上种植小麦的农民采用免耕和少耕法，提高了作物产量，并加强了水土保持。通过将保护性农业、作物多样化和生物肥料应用等手段相结合，病虫害管理方面已取得诸多成效。（Murrell，2017）。

> 增强农业土壤的水分调节能力可以提高用水效率（具体目标6.4），改善水质（具体目标6.3），使更多人能够获得安全饮用水（具体目标6.1），最终有助于确保水资源的可用性和可持续管理（可持续发展目标6）。

行动措施

免耕或直接播种指在没有机械准备苗床的情况下，通过在前茬作物的残茬上钻孔或开辟一条种子线来播种小麦种子。这种方法可以提高土壤有机质含量（Sapkota等，2017），改善水分的渗透和保持，提高水分的利用效率，减少土壤侵蚀（Sapkota等，2015）。值得推荐的可持续机械化设备包括两轮和四轮拖拉机，以及带有精准施肥设备的机械化直接播种机（Sims，Kienzle，2015；粮农组织，2017）。

土壤表面的覆盖作物和地膜可以保持土壤水分，减少土壤侵蚀，增加水分渗透，抑制杂草生长。同时种植固氮的绿肥覆盖作物可最大限度地固氮，提高氮的利用效率，从长远来看，可以减少农民对外部投入品的使用。不同的绿肥覆盖作物品种，如可食用和不可食用的多年生、两年生和一年生豆科植物，可以组合使用，以保持作物养分供应并加强整个生产系统。

> 改善养分管理、防止水土流失以及种植和耕作系统的多样化都有助于建立更可持续、更有韧性的粮食体系（具体目标2.4），并有助于确保陆地和内陆淡水生态系统及其服务的保护、恢复和可持续利用（具体目标15.1）。最大限度降低化肥使用造成的养分损失，有助于减少陆地活动造成的海洋污染（具体目标14.1）。多样化也是促进更高水平经济生产力提升的一种策略（具体目标8.2）。

提倡作物种植系统多样化，避免小麦单作和连作。在小麦生产系统中，必须向土壤中补充大量的氮，可以通过在轮作中种植豆类来供应氮。连续种植不同的作物可以减少并防止洪涝和干旱造成的土壤侵蚀；控制杂草和病虫害；减少对化肥和除草剂的需求。作物种类和品种及其组合应适应每个耕作系统。在雨养产区和低氮土壤中，小麦可以与粮食豆科植物（如扁豆、鹰嘴豆、蚕豆）和饲用豆科植物（如野豌豆、埃及三叶草和苜蓿属植物）进行轮作。小麦-豆类耕作系统适用于不同农业生态区的温带、亚热带雨养和灌溉农业系统（插文18）。这类系统可以通过以下三种常用方法来实施。

- **间作**，即在同一行中同时种植小麦和豆科植物，或隔行交替种植。
- **套作**，即在不同的日期播种小麦和豆科植物，但在其生命周期的某一阶段一起栽培；
- **轮作**，即在豆科植物收割后再种植小麦。

⊖ 插文18 多样化小麦种植系统

小麦生产系统（小麦-豆类耕作系统，小麦-玉米耕作系统，水稻-小麦耕作系统，小麦-棉花耕作系统）。

小麦可以在所有产区，与其他作物轮作（粮农组织，2016）。

小麦-豆类耕作系统。干旱地区的农民可以利用夏季通常休耕的土地种植豆类作物，这可以使土地得到更有效的利用，并提高土壤肥力和用水效率。选择合适的豆类作物十分重要，因为不同豆类作物在土壤中固定和积累氮的能力、干物质产量以及残茬质量等方面都存在差异（粮农组织，2016）。应将作物残茬留在土壤表面，并采用免耕法来保持土壤结构、水分和养分。

小麦-玉米间作系统适用于只具备一年一熟条件的种植模式。然而，此类系统耗水量高，因此采用免耕和少耕法来节约用水很重要。在印度，最高产的小麦-玉米生产系统采用免耕法和固定道垄作，在作物残茬上打孔播种。

小麦-玉米复种系统。在中国、土耳其、中亚以及南美洲，尤其是在阿根廷和乌拉圭，在收割小麦后采用免耕方式种植玉米是一种普遍做法。

水稻-小麦耕作系统在印度河-恒河平原十分普遍。绿色革命后，土壤经过几十年的密集耕作，变得越来越贫瘠，水稻和小麦产量随之开始下降。为了解决这一问题，水稻-小麦联盟于20世纪90年代引入了节约资源的水稻-小麦种植系统，该联盟由国际农业研究磋商组织倡议成立，隶属于各国农业研究中心。随后，其他国内、国际研究组织和各大学开始设计、开发和推广保护性农业，以实现稻麦系统的可持续集约化。稻麦轮作是印度河-

恒河平原最常见的种植系统，占地 1 350 万公顷，每年生产 8 000 万吨水稻和 7 000 万吨小麦（粮农组织，2016）。这类系统在夏季季风期间生产水稻，在短暂的冬季生产小麦。水稻收割后，使用拖拉机牵引的播种机，一次性将小麦种子直接播种在未翻耕的田地里。"快乐播种机"是一种常见的技术设备，采用激光辅助平整土地和固定道垄作，进行水稻的旱播和小麦的露播。

小麦-棉花轮作系统是埃及、印度、巴基斯坦、塔吉克斯坦、土耳其和乌兹别克斯坦采用的种植方式。在南亚，棉花收获时间较晚，这会推迟小麦的种植时间，从而使作物易受高温胁迫。在尚未收割的棉花中套种小麦，可将小麦播种期提前，并可将产量提高 40%（粮农组织，2016）。

6.3.2 改良小麦作物与品种

改良品种产量高、抗病虫害、耐生物和非生物胁迫，是通过在作物育种中不断引入新的优良性状而培育出来的。这些优良性状或存在于地方品种（农家品种）和野生近缘种的种质资源中。培育抗性品种是应对生物和非生物胁迫的一种方式（Ali 等，2017），特别是小麦地方品种具有耐旱和耐热的重要性状。这些地方品种也可增加生物质，增大籽粒，应将其运用于作物育种，以培育出适应性强、营养丰富的高产品种。各类育种方法已经证实了这一想法，使小麦品种获得了上述性状及其他抗性（Reynolds 等，2017）。例如，有些小麦品种已具有较低的冠层温度，这与根系生长更旺盛有关，说明其已建立了遗传基础（Pinto，Reynolds，2015）。值得注意的是，有时需要在抗非生物或生物胁迫的性状以及促进作物生长和提高产量的性状之间，进行权衡（Da Silva 等，2020）。

在植物育种中使用地方品种和作物野生近缘种，有助于保持栽培植物的遗传多样性（具体目标 2.5）。

行动措施

种植适合当地条件的作物品种，对于所有类型的作物生产系统而言，都是一种重要的适应性做法，可以种植熟悉的作物品种或引入新的耐热品种。在可能的情况下，建议种植生长期短、产量高的作物品种，以减少晚季热胁迫的影响。

提高小麦品种的耐盐性至关重要。耐盐性更强的作物品种已变得愈发重要。培育耐盐作物，将有益于在天然盐渍土上耕作的农民，因为这类土壤无法直接种植作物，需做提前准备。耐盐品种也有助于去除土壤中的盐分。然而，土壤中的盐分往往是由机械操作不当、排水不良、水质较差，或上述因素共同造成的。盐渍土正对农业构成日益严峻的挑战，解决方案不能仅仅依靠种植耐盐作物。此外，提高耐盐性不应依赖不可持续的灌溉方法，这可能会导致土壤盐分进一步增加。

根系对于雨养小麦生产尤为重要，因为雨养小麦生产依赖于土壤中储存的水分。对雨养小麦生产系统有益的性状包括：更深的根系、中深层土壤中更高的根长密度、表层土壤中更低的根长密度、更快的根毛生长速度，上述性状可以降低水从土壤流向作物根部的阻力（Wasson 等，2012）。根腐线虫和冠腐病等土传病害会影响作物根系和茎基部，在干旱胁迫和水分有限的情况下，会对作物造成更大的损害（见第四部分）。抗性育种是该领域一种颇具前景的方法。"国际玉米小麦改良中心——土耳其土传病原微生物项目（Turkey Soil‐Borne Pathogens Program）"正就抗性育种展开研究（插文 19）。项目研究中心在土耳其农林部的支持下于 2017 年成立。该项目关于根部病害方面的一项主要研究内容是，筛选由墨西哥国际玉米小麦改良中心开发的、适应性强的高产硬粒小麦和春小麦种质，以确定对多种土传病原微生物的新型抗性，并绘制其遗传基础图（澳大利亚政府谷物研究与开发计划，2016；国际玉米小麦改良中心，2017）。

➡ 插文 19　国际玉米小麦改良中心全球小麦项目

"国际玉米小麦改良中心全球小麦项目（CIMMYT Global Wheat Program）"发挥了重要作用，为非洲、亚洲和拉丁美洲提供了大量具有气候适应性、高产和抗虫害的小麦品种。国际玉米小麦改良中心与国际干旱地区农业研究中心（ICARDA）及国际农业研究磋商组织小麦研究项目（WHEAT）合作，共享改良品系和相关数据。小麦研究项目运用最新的分子育种工具、生物信息学知识和精确的表型分析方法来开发具有遗传多样性的小麦品种。小麦分子育种实验室为世界各地的育种人员开发各种工具。耐热小麦已在几个国家上市。由国际玉米小麦改良中心提供支持的小麦改良网络正在探索开发高产小麦品种，以适应日益炎热的夏季（粮农组织，2016）。

增加农民获得改良品种的机会至关重要。为了促进这一进程，国际玉米小麦改良中心与国际干旱地区农业研究中心已经帮助各国合作伙伴，加速测试和发布适应当地条件、抗生物和非生物胁迫的高产品种。国家级计划和农民团体可以加快这一进程并推动这些品种的大规模种植（Joshi 等，2011；粮农组织，2016）。

小麦种植系统中的有效水源管理可以通过有效的灌溉技术和管理方式来实现，有助于确保水资源的可持续管理（可持续发展目标6），特别是有助于提高用水效率（具体目标6.4）。

6.3.3 有效的水源管理

小麦在整个生长期通常需要 450～650 毫米的降水量（Doorenbos，Pruitt，1977）。然而，一些小麦种植区的降水量仅为 330 毫米。生产一千克小麦通常需要 600 升水。而实际上，在亚洲等地的大多数灌溉小麦生产系统中，生产一千克小麦大约需要 900 升水（Pimentel 等，1997）。在灌溉系统效率低下的地区，每千克小麦可能需要高达 1 200 升水（Braun 和 personal communication，2020）。随着灌溉用水竞争的加剧，预计水资源将从小麦转向价值更高的作物和其他经济部门，这可能会迫使小麦种植转移到雨养地区和土地生产力较低的区域（粮农组织，2016）。

行动措施

可能需要改变种植日期，以适应不断加剧的气候变异以及生长季节开始和结束时间的变化。除此之外，还可以培育新品种，以应对生长季节长度的变化，或避免水分和温度水平不适合作物发育阶段的现象发生（粮农组织，2017；Ali 等，2017）。

补充灌溉指在作物生长的关键阶段，当降水量不足时，补充少量的蓄水，以提高和稳定作物产量（粮农组织，2016）。

垄作沟灌栽培指将水输送到两垄作物之间的土壤中，以提高用水效率，增加土壤孔隙度和水分渗透（Sayre，1998；Solh 等，2014）。在土壤盐分问题严重的地区，垄作种植方式还可以提高作物产量。

保护性农业措施（见第一部分）可用于提高土壤的持水能力，减少蒸发造成的水分损失。保持充足的土壤有机质也有助于提高水分生产力（粮农组织，2016）。

喷灌和地下灌溉是有效的灌溉技术，可与其他保护性农业措施结合使用，以避免扰动土壤并提高用水效率。

滴灌比地面灌溉的水分利用效率更高（Salvador 等，2011）。在水资源有限的地区，与淹灌相比，滴灌可以提高土壤水分含量，增加小麦产量（Fang 等，2018）。目前，由于设备安装成本较高，小麦滴灌系统可能并不经济实惠，但如果水资源短缺加剧，情况则有可能会发生改变。不管怎样，目前与其他灌溉方式相比，滴灌更能节约用水。

6.3.4　害虫综合治理

病虫害。预计降水量和湿度的增加将影响小麦病虫害在生长季节的发生时间，并影响其种群动态（如越冬能力、世代数的变化）及地理分布（uroszek，von Tiedemann，2013；Vaughan Backhouse，Del Ponte，2016）。小麦锈病发生历史悠久，并且不断有新增发病地区。20 世纪 90 年代末和 21 世纪，小麦秆锈病再次大范围爆发，特别是新病菌 Ug99 在非洲的爆发促使研究人员开发了抗锈病品种（Bhattacharya，2017）。在小麦研究人员和资助方的协作下，小麦秆锈病的流行有可能被局限于非洲地区。如今，风险地区种植的大多数小麦品种都具有抗性，这与 1998 年病菌 Ug99 首次被发现时的情况形成了鲜明对比，当时世界上 80% 以上的小麦品种都易感此病菌。

自小麦被驯化开始，小麦锈病（小麦条锈病、叶锈病和秆锈病）就一直威胁着全球小麦生产（Figueroa 等，2018）。褐斑病是感染小麦叶片的另一种重要疾病，存在于主要小麦生产国。褐斑病主要是由真菌小麦褐斑长蠕孢霉（*Pyrenophora tritici - repentis*，Ptr）引起的，该病菌可以在受感染的作物残茬中存活至下一个种植季，并且可以远距离传播（Abdullah 等，2017）。由于上述特性，褐斑病对单一栽培系统下的小麦影响特别大。同时，该病害可能还会危及保护性农业系统中种植的小麦（Cotuna 等，2015 年）。麦瘟病可以造成毁灭性损失，最早在巴西被发现，但如今已经蔓延到整个南美洲。2016 年，孟加拉国发现麦瘟病（Figueroa 等，2018 年），2018 年，该病传播至非洲赞比亚（Tembo 等，2020 年）。小麦黑穗病也是危害较大的真菌性疾病，但通过种子处理可以得到有效控制。

小麦颖（叶）枯病——小麦叶枯病（Septoria tritici blotch，STB）和小麦颖枯病（Septoria nodorum botch）是导致小麦产量严重损失的重要病害。小麦叶枯病的明显症状是细胞破裂后，叶片和茎上出现坏死斑。小麦叶枯病的爆发与以下因素有关：频繁的降水、适宜的温度、特定的栽培方法、易感病小麦品种的种植及接种体的存在（Eyal 等，1997；Curtis，et al.，2002）。

> 害虫综合治理强调尽量减少有害化学农药的使用，有助于陆地生态系统的可持续管理（具体目标 15.1），并减少陆地活动对海洋的污染（具体目标 14.1）。
>
> 害虫综合治理的成功实施可以预防可能严重损害作物并造成饥荒的虫害，有助于实现具体目标 2.1。

害虫综合治理有助于化学品在整个存在周期的无害化环境管理，减少其排入大气以及渗漏到水和土壤中的概率，从而最大限度地减少其对人类健康和环境的影响（具体目标12.4）。

土传病害在全球范围内都造成了严重影响。但针对这类病害的研究在很大程度上不够充分，而且此类病害往往没有得到承认。具体而言，孢囊线虫、根腐线虫、根腐病和冠腐病会对作物造成严重损害，尤其是在干旱条件下和养分不平衡的土壤中（Braun 和 personal communication，2020）。

气候变暖提高了害虫的代谢率，导致其数量增长，以植物为食的害虫（草食性害虫）可能会造成更大的产量损失。与目前的损失相比，若气温升高2℃，因虫害造成的小麦产量损失中位数将增加46％。未来新增损失的全球分布并不均匀，预计温带地区的产量损失会更大（Deutsch 等，2018）。随着全球气温上升，高纬度地区气温出现新高，这使得新的害虫和病原体得以生存。已有迹象表明，由于气候变暖，某些农作物病虫害的范围正在扩大（Bebber 等，2013）。

麦蜂、蚜虫、叶甲虫等主要小麦害虫危害世界各地的小麦作物（Miller 和 Pike，2002）。麦蜂从小麦茎、叶和正在发育的谷粒中吸食汁液，并以籽粒为食，会降低籽粒的重量和质量（Miller 和 Pike，2002）。蚜虫存在于所有小麦产区，能够分泌一种促进霉菌生长的物质，从而对作物造成严重损害。小麦通常抗虫害能力较差。谷物叶甲虫以嫩叶为食，危害大多数谷类作物，但小麦更易受其危害。生物防治（即利用害虫的天敌）一直是防治小麦虫害的有效策略（Miller 和 Pike，2002）。

害虫综合治理还能减少空气、水和土壤污染引起的疾病，从而有益于人类健康（具体目标3.9）。

行动措施

害虫综合治理（IPM）是一种针对作物生产和作物保护的生态系统方法，也是为了应对农药的大范围滥用。在开展 IPM 时，农民选择基于实地观察的自然方法来管理害虫。这些方法包括生物防治（即借助害虫天敌）、选种抗虫性品种、改变栖息地和改进栽培方式（即从种植环境中去除或引入某些元素以降低环境对害虫的适宜性）。而理性、安全地喷洒经严格筛选的农药应作为兜底方式（粮农组织，2016）。IPM 充分利用自然害虫管理机制来维持害虫与其天敌之间的平衡。控制农田周围的栖息地，为害虫的天敌提供额外的食物和庇护所，是一种非化学方法，适用于大多数农作物。就小麦而言，防治虫害的作物管理措施包括：提前或推迟种植时间、定向地面喷药、种植能吸引害虫天敌的开花植物、施用生物杀虫剂和节肢动物生物防治剂，以及作物轮作（粮农组织，2016）。

　　害虫综合治理可以通过农民田间学校进行推广。田间学校提供了一个极好的平台，农民可以在此分享他们小麦害虫综合治理的经验，并在实践中相互学习。

　　小麦颖（叶）枯病可以通过培育抗性品种和延迟作物种植时间来防治。应清理土壤表面的麦茬和残渣，因为在适宜的气候条件下，这会增加作物患病的可能性。在某些情况下，将清理的残茬用作饲料，并将小麦作物与非小麦作物轮作，有助于防止病害爆发（Curtis，et al.，2002）。施用于作物叶片表面的杀菌剂也可用于抑制病害爆发。

　　土传病害。控制土传病害的栽培措施包括延迟种植时间和优化氮肥施用方法，以减少晚季水分胁迫。轮作作物、保持休耕土地清洁和种植诱捕作物也有助于控制土传病害。要减少因土传病害造成的产量损失，增强寄主植物抗性是最有效、最经济的方法（Dababat 等，2018）。

©粮农组织/Danfung Dennis

6.4　减缓气候变化的方法

　　小麦生产系统中存在一系列支持减缓气候变化的方案，此类方案有助于全球实现可持续发展目标13，尤其是按照可持续发展目标13.2.2（减少国家温室气体排放）的标准来看。小麦生产系统减缓策略的可用方案能够提高农业生态系统的碳固存，减少温室气体排放。这些方案可提高资源利用效率，防止土壤侵蚀和养分流失。减缓策略的关键要素包括：作物生产多样化、农林复合经营、精准农业、可持续机械化以及减少对化学肥料的依赖。其中许多策略可为环境和人类健康带来共同益处，并可能为农民和农业社区带来更大的经济回报。

作物生产实践，如传统耕作方式及化肥和农药的施用，会造成温室气体排放。采用改良做法对于减少此类排放和减缓气候变化至关重要。若条件允许，小麦生产系统可以采取以下策略来减少温室气体排放。

6.4.1 增强土壤固碳潜力

提高土壤有机质含量需要增加碳输入，并尽量减少碳损失。降水和温度等气候条件和土壤通气性会影响有机质的分解。

行动措施

作为保护性农业的一部分，作物生产多样化可以增加碳固存，提高氮利用效率（Corsi 等，2012；Sapkota 等，2017）。传统的单作小麦系统会大量消耗土壤养分。而小麦间作和套作具有多重益处，如在一年中的大部分时间内，可以防止土壤侵蚀，并产生额外的根系生物质，增加土壤中的有机质。作物生产系统的多样化和集约化，如将豆类和多年生植物纳入作物轮作，有助于避免田地休耕及增强土壤固碳。如第二部分所述，玉米-豆类耕作系统可以固定土壤中的氮元素，减少农民对化肥的依赖，从而降低一氧化二氮的排放。多年生、两年生和一年生豆科作物与小麦间作和套作，可以提高产量和收入。理想情况下，农民可将上述做法与采用适应性品种和作物综合养分管理结合起来。

> 氮的有效利用有助于实现"改善全球消费和生产的资源使用效率"这一整体经济目标（具体目标8.4）。
>
> 氮的有效利用有助于实现化学品在整个存在周期的无害化环境管理，减少它们排入大气以及渗漏到水和土壤中的概率，从而最大限度地减少对人类健康和环境的影响（具体目标12.4）。
>
> 农业景观中的侵蚀防护有助于建立一个不再出现土地退化的世界（具体目标15.3）。
>
> 产量和收入的提高直接有助于实现农业生产力和小规模粮食生产者收入翻番的目标（具体目标2.3）。

第二部分介绍的印度河-恒河平原上的水稻-小麦种植系统，就是一种减缓气候变化的多样化系统。在该系统中，免耕和保留部分残茬相结合可提高生物质产量、粮食产量和土壤有机碳含量，并使农民可以将残茬用于其他用途（Sapkota 等，2017）。

农林复合经营指在同一块土地上，人为地将木本多年生植物（如树木、灌木、棕榈或竹子）、农作物、草类、动物在空间上按一定的时序安排在一起而进行管理的土地利用和技术系统（Choudhury 和 Jansen，1999）。

通过减轻对天然林的压力，农林复合经营有助于森林的可持续管理和遏制毁林（具体目标15.2）。

农林复合经营带来的经济机会有助于改善小规模粮食生产者的生计（具体目标2.3），并有助于自给农民摆脱贫困（具体目标1.1）。

如果设计、管理得当，农林系统可以成为有效的碳汇。通过提供本应来自森林的产品和服务（如木质燃料、木材），农林复合经营还可以改善当地农民生计，减轻对天然林的压力。

增加土壤有机碳含量有助于稳定土壤结构，保护土壤不受侵蚀，有助于建立一个不再出现土地退化的世界（具体目标15.3）。

土壤肥力和养分综合管理可减少因不可持续的集约化农业生产系统而造成的土地退化和土壤养分流失。根据作物需求施用无机和有机肥，其中包括回收的有机资源（如绿肥和农家肥），可以增加土壤中的碳含量，减少温室气体排放。在小麦-豆类复种系统中，轮作与施用粪肥和氮磷肥相结合可以提高小麦和蚕豆的产量（Agegnehu 和 Amede，2017）。在集约化种植系统中，土壤有机碳的管理对于作物可持续生产至关重要。施肥建议应根据种植制度和土壤类型进行调整。提高土壤有机碳含量可以改善土壤质量，减少土壤侵蚀和退化，从而减少二氧化碳和一氧化二氮的排放（Kukal 等，2009）。水稻-小麦联盟为稻农制作了叶色卡，以便掌握最佳的施肥时间，并对色卡进行调整，使其适合小麦种植农户使用。印度河-恒河平原的小麦种植者使用该叶色卡后，可在不降低产量的情况下，将化肥用量减少25%（粮农组织，2016）。

在土壤中施用生物炭是一种封存碳和提高土壤肥力的可持续实践（Mukherjee 和 Zimmerman，2013）。在种植硬粒小麦时，施用生物炭可以在不影响谷物含氮量的情况下，将生物质产量和谷物产量提高30%（Vaccari 等，2011）。此外，将农业废弃物转化为生物炭是减少二氧化碳排放的有效方法。

提高养分和肥料的利用效率不仅可以降低温室气体排放，还可以减少陆地、淡水和海洋生态系统中的营养盐污染，并增强相关生态系统服务（具体目标15.1、6.3、14.1）。

养分和肥料利用效率的提高有助于实现化学品在整个存在周期的无害化环境管理，减少它们排入大气以及渗漏到水和土壤中的概率，从而最大限度地减少对人类健康和环境的影响（具体目标12.4）。

养分和肥料利用效率的提高还可以减少与空气、水和土壤污染相关的疾病，从而有助于改善人类健康状况（具体目标3.9）。

6.4.2　减少温室气体排放

减少作物生产中的二氧化碳排放，主要是通过降低生产操作的直接排放和避免土壤有机碳的矿化来实现的。改善化肥管理和提高化肥的利用率，特别是释放一氧化二氮和二氧化硫的含氮和含硫的肥料，可以减少非二氧化碳温室气体的排放。使用无机肥和有机肥还会对环境造成一些负面影响，如水体富营养化、空气污染、土壤酸化以及土壤中硝酸盐和重金属的累积（Mosier 等，2013）。

氮肥是最常用的无机肥料。世界上几乎一半的人口依靠氮肥进行粮食生产，全球 60％的氮肥用于生产三大谷物：水稻、小麦和玉米（Ladha 等，2005）。然而，过量使用氮肥会危及生态系统和人类健康。在种植小麦时，采用改良的农艺措施和开发能够提高氮利用效率的改良品种，可以显著减少农民对化学投入品的依赖。

行动措施

可持续机械化、使用小型拖拉机、减少田间通行次数和缩短作业时间，与保护性农业相结合，可以减少化石燃料的使用，降低温室气体排放量。上述措施可以最大限度地降低土壤扰动，并减少土壤侵蚀和退化（粮农组织，2017）。插文 20 介绍了免耕"快乐播种机"，实践证明该播种机可以减少稻麦种植系统中的温室气体排放。

> ### ➲ 插文 20　印度河-恒河平原稻麦种植系统中的"快乐播种机"
>
> "快乐播种机"是一种安装在拖拉机上的免耕播种机。该播种机首先在大量水稻残茬中播种小麦种子，随后将这些残茬作为覆盖物覆盖在播种区。国际玉米小麦改良中心发现，在使用"快乐播种机"的种植系统中，残茬管理措施最有利可图、最具推广价值，已证明比焚烧残茬的利润平均高出10％～20％。与所有焚烧残茬方式相比，这类系统每公顷可减少 78％的温室气体排放量。水稻种植中广泛采用的残茬焚烧方式严重加剧了空气污染并产生大量短期气候污染物。
>
> 资料来源：国际玉米小麦改良中心，2019；Shyamsundar 等，2019。

种植具有较高肥料利用效率的小麦品种，可减少肥料养分的损失。据估计，养分损失（平均）可达施用氮肥的 50％和施用磷肥的 45％（粮农组织，2016）。在氮利用效率方面，小麦各品种之间存在相当大的遗传变异性。土壤中的氮素水平对小麦氮吸收效率和利用效率的遗传表达也有重要影响（Lafitte 和 Edmeades，1997；Bertin 和 Gallais，2001；Gallais 和 Hirel，2004；Gallais 和 Coque，2005）。

在小麦生长的特定阶段，施用氮肥可以提高小麦的肥料利用效率。如果在播种过程中一次性施用氮肥（基施），则氮在作物的整个生长周期中会从土壤中流失。部分氮可能被雨水或灌溉冲走（硝态氮淋失）。然而，如果在作物生长周期中将相同数量的氮肥分两次或三次施用，则作物成功吸收的氮量会增加，而释放到环境中的氮量会减少。当土壤中的氮供应量较低时，在生长季后期施用一剂氮肥也可以提高谷物中的蛋白质含量（Rossmann 等，2019）。

> 利用全球定位系统支持的精准农业、可持续机械化和改良品种，有助于向发展中国家转让、传播和推广环境友好型的技术（具体目标 17.7）。

精准农业将越来越多的高科技手段运用于精细土地平整、精密播种、精准养分管理等方面。例如，全球卫星定位系统、地理信息系统、遥感技术、环境信息等正用于为农民开发决策支持系统，使他们能够优化化肥、农药和其他投入品的使用，以满足特定地点的精准需求（Balafoutis 等，2017）。决策支持系统会关注耕田的空间和时间需求，可以减少温室气体排放，同时保持产量，并最大限度地减少水、化学品和劳动力的消耗。此外，一些先进的联合收割机配备了产量监测器，其中许多都与全球定位系统相连。监测器的测量面积为几平方米，可以计算和记录生物质产量或谷物产量。收集的数据可用于创建产量图，而产量图可以加载到下一农季的播种机中。这一切可以使农民精准施用肥料，肥料施用量会根据前茬作物产量图上所示的需求而变化。这些针对特定作物和地点的施肥方法提高了肥料利用效率，并避免了肥料的过量施用，从而减少了一氧化二氮的排放及氮淋失。这些方法还可以通过减少耕作来增强碳固存。精准技术还可以减少农业设备在播种、施肥、喷药、除草和灌溉管理过程中的使用频率，从而减少温室气体排放（插文 21）。

养分和水分的精准管理（Sapkota 等，2014；Jat 等，2015）有助于适应和减缓气候变化（政府间气候变化专门委员会，2019）。精准养分管理提高了作物产量，并减少了印度西北部小麦生产系统对气候变化的影响。实地养分管理可以提高现有土壤养分的利用效率，并填补了矿物肥料利用的空白。将免耕制度与实地养分管理相结合，可以提高养分利用效率和作物产量，并减少温室气体排放（粮农组织，2016）。钙、镁、硫、铁、锌等微量营养素在改善土壤健康、增加作物产量和提高小麦营养成分方面，发挥着重要作用。精准施用含有这些微量营养素的肥料，可以改善作物的营养品质，提高作物产量，并增强作物对病虫害和干旱的抵御能力。有效的肥料管理可以降低生产成本，提高作物产量，并同时减少温室气体排放，已被确认为一种具有成本效益的减缓方案（Sapkota 等，2019）。

◎ 插文 21　基于传感器的氮肥管理

　　墨西哥利用手持式归一化植被指数（NDVI）传感器和氮肥施用算法，测量小麦作物的活力，并优化氮肥施用以满足作物需求，从而提高了肥料利用效率。利用光学传感器进行施肥有助于调整作物发育不同阶段所需的氮肥量。养分专家是一种基于实地养分管理原则的养分决策支持工具。该工具将受气候、土壤类型、种植制度和作物管理方法影响的生长环境差异纳入考虑范围，根据每户农田的作物需求，结合具体的实地信息，为农民提供均衡施用养分的建议。该工具由印度小麦利益相关方联合开发，其中包括来自国家研究和推广系统、私营企业、国际玉米小麦改良中心和国际植物营养研究所（IPNI）的代表（Pampolino 等，2012）。根据养分专家的建议，印度河-恒河平原采用了养分管理改良策略及保护性农业，以减少化肥施用，同时提高小麦产量并减少对非农环境的影响（Sapkota 等，2014；粮农组织，2016）。

　　在土壤中施用植物促生菌（PGPB）等生物肥料，是另一种颇具前景的综合管理系统方法（Di Benedetto 等，2017）。植物促生菌能激活束缚在土壤中的养分（矿物质和有机物），并使这些养分可供植物吸收。植物促生菌还能将大气中的氮固定到土壤中，并将氮转化为植物可利用的形式。目前，仍需做进一步研究以确定在可持续农业生产力和环境管理方面，最适合小麦的植物促生菌类型。该研究需要关注生物固氮如何提高根系周围养分的可用性、根系表面积的扩大，以及与宿主的潜在共生关系。

6.5　有利的政策环境

　　向气候智慧型农业（CSA）转型需要推广具体的气候智慧型农业实践，这需要强有力的政治承诺，以及应对气候变化、农业发展和粮食安全等相关部门之间的一致性和协调性。在制定新政策之前，政策制定者应系统地评估当前农业和非农业协议和政策对 CSA 目标的影响，同时考虑其他国家农业发展的优先事项。政策制定者应发挥 CSA 三个目标（可持续生产、适应气候变化和减缓气候变化）之间的协同效应，解决潜在的利弊权衡问题，并尽可能避免、减少或补偿不利影响。了解影响 CSA 实践被采用的社会经济障碍、性别差异障碍以及激励机制，是制定和实施支持性政策的关键所在。

　　除支持性政策外，有利的政策环境还包括：基本制度安排，利益相关者的参与和性别考虑，基础设施，信贷和保险，农民获得天气信息、推广服务和咨询服务的渠道以及市场投入/产出。旨在营造有利环境的法律、法规和激励措施为可持续气候智慧型农业的发展奠定了基础，然而目前仍存在一些风险，可能妨碍和阻止农民对行之有效的 CSA 实践和技术进行投资，而加强相关机构能力建设对于支持农民、推广服务和降低风险至关重要，这有利于帮助农民更好地适应气候变化和其他环境冲击带来的影响。配套的机构是农民和决策者的主要组织力量，对于推广气候智慧型农业实践举足轻重。

6.6 结论

小麦生产系统需要进行调整，以确保在气候变化条件下继续为粮食安全、农民生计和可持续粮食体系做出贡献。具体的适应和减缓办法将因地而异。世界各地的小麦产区，有着各种各样的农业生态条件、土壤微气候、气候风险及社会经济背景，需要收集数据和信息以确定最佳行动方案，并根据当地需求调整做法，这一点至关重要。此手册提供的信息有利于帮助我们持续学习，促进未来政策的改进。各级利益相关者之间需要密切协调与合作，以营造有利的环境，使农民能够采取有针对性的措施，在面对气候变化时提高小麦生产的能力、韧性和可持续性。

气候变化对小麦生产系统造成的确切挑战仍不确定。这些挑战因地区而异，但可以肯定的是，对于已经着手应对重度粮食不安全的国家来说，气候变化带来的挑战尤为艰巨。然而，要克服这些挑战，仍有一条明确的解决之道。相关可行性做法包括采取因地制宜的有效农艺措施，如保护性农业、有效水源和养分管理以及害虫综合治理。这些做法将进一步提高种植改良小麦品种所获得的收益。

6.7 参考文献

Abdullah, S., Sehgal, S. K., Jin, Y., Turnipseed, B. & Ali, S. 2017. Insights into tan spot and stem rust resistance and susceptibility by studying the pre-green revolution global collection of wheat. *Plant Pathology Journal*, 33 (2): 125-132. https: //doi. org/10. 5423/PPJ. OA. 07. 2016. 0157.

Abraha, M. G. & Savage, M. J. 2006. Potential impacts of climate change on the grain yield of maize for the midlands of KwaZulu-Natal, South Africa. *Agriculture, Ecosystems and Environment*, 115 (1-4): 150-160. https: //doi. org/10. 1016/j. agee. 2005. 12. 020.

Agegnehu, G. & Amede, T. 2017. Integrated soil fertility and plant nutrient management in tropical agro-ecosystems: a review. *Pedosphere*, 27 (4): 662-680.

Ali, S. A., Tedone, L. &de Mastro, G. 2017. Climate variability impact on wheat production in Europe: Adaptation and mitigation strategies. In M. Ahmed&C. Stockle C., eds. *Quantififi cation of Climate Variability, Adaptation and Mitigation for Agricultural Sustainability*, pp 251 – 321. Springer, Cham. https://doi. org/10. 1007/978 – 3 – 319 – 32059 – 5 _ 12.

Asseng, S., Cammarano, D., Basso, B., Chung, U., Alderman, P. D., Sonder, K., Reynolds, M. &Lobell, D. B. 2017. Hot spots of wheat yield decline with rising temperatures. *Global Change Biology*, 23 (6): 2464 – 2472https://doi. org/10. 1111/gcb. 13530.

Australian Government Grains Research&Development Program. 2016. Genetic resources screened for disease resistance. In: *GroundCover, Issue 122* [online]. [Cited 18 June 2021] https://grdc. com. au/resources – and – publications/groundcover/ground – cover – issue – 122 – may – jun – 2016/genetic – resources – sceened – for – disease – resistance.

Balafoutis, A., Beck, B., Fountas, S., Vangeyte, J., van der Wal, T., Soto, I., Gómez – Barbero, M., Barnes, A. &Eory, V. 2017. Precision agriculture technologies positively contributing to GHG emissions mitigation, farm productivity and economics. *Sustainability*, 9 (8): 1339. https://doi. org/10. 3390/su9081339.

Battisti, D. S. &Naylor, R. L. 2009. Historical warnings of future food insecurity with unprecedented seasonal heat. *Science*, 323: 240 – 244. https://doi. org/10. 1126/science. 1164363.

Bebber, D. P., Ramotowski, M. A. T. &Gurr, S. J. 2013. Crop pests and pathogens move polewards in a warming world. *Nature Climate Change*, 3: 985 – 988. https://doi. org/10. 1038/nclimate1990.

Bhattacharya, S. 2017. Wheat rust back in Europe. *Nature*, 509: 15 – 16. https://doi. org/10. 1038/509015a.

Cairns, J. E., Hellin, J., Sonder, K., Araus, J. L., MacRobert, J. F., Thierfelder, C. &Prasanna, B. M. 2013. Adapting maize production to climate change in sub – Saharan Africa. *Food Security*, 5 (3): 345 – 360. https://doi. org/10. 1007/s12571 – 013 – 0256 – x.

Challinor, A. J., Watson, J., Lobell, D. B., Howden, S. M., Smith, D. R. &Chhetri, N. 2014. A meta – analysis of crop yield under climate change and adaptation. *Nature Climate Change*, 4 (4): 287 – 291. https://doi. org/10. 1038/nclimate2153.

Choudhury, K. &Jansen, J. 1998. *Terminology for Integrated ResourcesPlanning and Management*. Rome, FAO.

CIMMYT. 2017. Establishing a soil borne pathogen research center in Turkey. In: *CIMMYT: News* [online]. [Cited 18 June 2021] https://www. cimmyt. org/news/establishing – a – soil – borne – pathogen – research – center – in turkey/.

CIMMYT. 2019. Happy Seeder can reduce air pollution and greenhouse gas emissions while making profifi ts for farmers. In: *CIMMYT: News* [online]. [Cited 18 June 2021] https://www. cimmyt. org/news/happy – seeder – can – reduce – air – pollution – and – greenhouse - gas - emissions - while - making - profifi ts - for - farmers/.

CIMMYT. n. d. Wheat Research. In：*CIMMYT：Our Work* ［online］. ［Cited 18 June 2021］ https：//www. cimmyt. org/work/wheat - research/.

Corsi, S., Friedrich, T., Kassam, A., Pisante, M. &de Moraes Sà, J. 2012. *Soil Organic Carbon Accumulation and Greenhouse Gas Emission Reductions from Conservation Agriculture：A review of evidence*. Integrated Crop Management，Vol. 16. Rome，FAO.

Cotuna, O., Paraschivu, M., Paraschivu, A. M. &Sărăeanu, V. 2015. The inflfl uence of tillage，crop rotation and residue management on tan spot（*Drechslera tritici repentis*. Died. Shoemaker）in winter wheat. *Research Journal of Agricultural Science*，47：13 - 21.

Curtis, B. C., Rajaram, S. &Macpherson, H. G., eds. 2002. *Bread Wheat：Improvement and Production*. FAO Plant Production and Protection Series，No. 30. Rome，FAO.

Dababat, A. A., Erginbas - Orakci, G., Toumi, F., Braun, H. J., Morgounov, A. & Sikora, R. A. 2018. IPM to control soil - borne pests on wheat and sustainable food production. *Arab Journal of Plant Protection*，36（1）：37 - 44. https：//doi. org/10. 22268/ AJPP - 036. 1. 037044.

Da Silva A. C., De Freitas Lima M., Barbosa Eloy N., Thiebaut F., Montessoro P., Silva Hemerly A. &Cavalcanti Gomes Ferreira P. 2020. The Yin and Yang in plant breeding：the trade - off between plant growth yield and tolerance to stresses. *Biotechnology Research and Innovation*，3（1）：73 - 79https：//doi. org/10. 1016/j. biori. 2020. 02. 001.

Deutsch, C. A., Tewksbury, J. J., Tigchelaar, M., Battisti, D. S., Merrill, S. C., Huey, R. B. &Naylor, R. L. 2018. Increase in crop losses to insect pests in a warming climate. *Science*，361：916 - 919. https：//doi. org/10. 1126/science. aat3466.

Di Benedetto, N. A., Corbo, M. R., Campaniello, D., Cataldi, M. P., Bevilacqua, A., Sinigaglia, M. &Flagella, Z. 2017. The role of plant growth promoting bacteria in improving nitrogen use effifi ciency for sustainable crop production：a focus on wheat. *AIMS microbiology*，3（3）：413 - 434. https：//10. 3934/microbiol. 2017. 3. 413.

Doorenbos, J. &Pruitt, W. O. 1977. Crop water requirements. FAO *Irrigation and Drainage Paper 24*. Rome，FAO.

Eyal, Z., L., S. A., M., P. J. &van Ginkel, M. 1997. The Septoria Diseases of Wheat：Concepts and Methods of Disease Management. In *Rust Diseases of Wheat：Concepts and methods of disease management*. Mexico，D. F.，CIMMYT.

Fang, Q., Zhang, X., Shao, L., Chen, S. &Sun, H. 2018. Assessing the performance of different irrigation systems on winter wheat under limited water supply. *Agricultural Water Management*，196：133 - 143.

FAO. 2016. Save and grow in practice：maize，rice and wheat - A guide to sustainable cereal production. Rome.（also available at www. fao. org/policy - support/tools - and - publications/resources - details/en/c/1263072/）.

FAO. 2017. Climate – Smart Agriculture Sourcebook，second edition ［online］．［Cited 18 June 2021］http：//www. fao. org/climate – smart – agriculture – sourcebook/about/en/.

FAO. 2019. Sustainable Food Production and Climate Change. (also available at www. fao. org/3/ca7223en/CA7223EN. pdf).

FAO. 2021. FAOSTAT. In：FAO ［online］．［Cited 24 July 2020］. http：//faostat. fao. org.

Figueroa，M. ，Hammond – Kosack，K. E. &Solomon，P. S. 2018. A review of wheat diseases – a field perspective. In *Molecular Plant Pathology*，19（6）：1523 – 1536. https：// doi. org/10. 1111/mpp. 12618.

Giannakopoulos，C. ，le Sager，P. ，Bindi，M. ，Moriondo，M. ，Kostopoulou，E. & Goodess，C. M. 2009. Climatic changes and associated impacts in the Mediterranean resulting from a 2℃ global warming. *Global and Planetary Change*，68（3）：209 – 224. https：// doi. org/10. 1016/j. gloplacha. 2009. 06. 001.

IPCC. 2019. *Climate Change and Land：an IPCC special report on climate change，desertifififi cation，land degradation，sustainable land management，food security，and greenhouse gas flfl uxes in terrestrial ecosystems.* ［P. R. Shukla，J. Skea，E. Calvo Buendia，V. Masson – Delmotte，H. – O. Pörtner，D. C. Roberts，P. Zhai，R. Slade，S. Connors，R. van Diemen，M. Ferrat，E. Haughey，S. Luz，S. Neogi，M. Pathak，J. Petzold，J. Portugal Pereira，P. Vyas，E. Huntley，K. Kissick，M. Belkacemi，J. Malley，（eds.）].

Jat，M. L. ，Gathala，M. K. ，Ladha，J. K. ，Saharawat，Y. S. ，Jat，A. S. ，Kumar，V. ，Sharma，S. K. ，Kumar，V. &Gupta，R. 2009. Evaluation of precision land leveling and double zero – till systems in the ricewheat rotation：Water use，productivity，profifi tability and soil physical properties. *Soil and Tillage Research*，105（1）：112 – 121. https：//doi. org/ 10. 1016/j. still. 2009. 06. 003.

Jat，M. ，Singh，Y. ，Gill，G. ，Sidhu，H. ，Aryal，J. ，Stirling，C. &Gerard，B. 2015. *Laser – Assisted Precision Land Leveling Impacts in Irrigated Intensive Production Systems of South Asia.* In R Lal&B. A. Stewart，eds. Soil – Specifififi c Farming：Precision Agriculture，pp. 323 – 352. CRC Press Taylor and Francis. https：//doi. org/10. 1201/b18759 – 14.

Joshi，A. K. ，Azab，M. ，Mosaad，M. ，Moselhy，M. ，Osmanzai，M. ，Gelalcha，S. ，Bedada，G. ，Bhatta，M. R. ，Hakim，A. ，Malaker，P. K. ，Haque，M. E. ，Tiwari，T. P. ，Majid，A. ，Kamali，M. R. J. ，Bishaw，Z. ，Singh，R. P. ，Payne，T. &Braun，H. J. 2011. Delivering rust resistant wheat to farmers：A step towards increased food security. *Euphytica*，179：187 – 196. https：//doi. org/10. 1007/s10681 – 010 – 0314 – 9.

Juroszek，P. &von Tiedemann，A. 2013. Plant pathogens，insect pests and weeds in a changing global climate：A review of approaches，challenges，research gaps，key studies and concepts. *Journal of Agricultural Science*，151（2）：163 – 188. https：//doi. org/ 10. 1017/S0021859612000500.

Kukal，S. S. ，Rasool，R. &Benbi，D. K. 2009. Soil organic carbon sequestration in relation to organic and inorganic fertilization in rice – wheat and maize – wheat systems. *Soil and Till-*

age Research，102（1）：87 - 92. https：//doi. org/10. 1016/j. still. 2008. 07. 017.

Ladha, J. K. , Pathak, H. , Krupnik, T. J. , Six, J. &van Kessel, C. 2005. Efficiency of Fertilizer Nitrogen in Cereal Production: Retrospects and Prospects. *Advances in Agronomy*，87：85 - 156. https：//doi. org/10. 1016/S0065 - 2113（05）87003 - 8.

Leake, A. R. 2003. Integrated pest management for conservation agriculture. In L. García - Torres，J. Benites，A. Martinez - Vilela 6 A. HolgadoCabrera，eds. *Conservation Agriculture*，pp. 271 - 279. Springer，Dordrecht.

Liu, B. , Asseng, S. , Müller, C. Ewert, F. , Elliott, J. , Lobell, D. B. , Martre, P. et al. 2016. Similar estimates of temperature impacts on global wheat yield by three independent methods. *Nature Climate Change*，6：1130 - 1136. https：//doi. org/10. 1038/nclimate3115.

McKinsey Global Institute. 2020. *Climate Risk and response - Physical hazards and socioeconomic impacts*.

Miller, R. H. &Pike, K. S. 2002. Insects in wheat - based systems. In B. C. Curtis，S. Rajaram，&H. G. Macpherson，eds. *Bread Wheat Improvement and Production*. FAO Plant Production and Protection Series No. 30. Rome，FAO. http：//www. fao. org/3/y4011e0q. htm♯bm26.

Mosier, A. , Syers, J. K. &Freney, J. R. 2013. *Agriculture and the nitrogen cycle: assessing the impacts of fertilizer use on food production and the environment*. SCOPE Report，No. 65. Washington，D. C. ，Island Press.

Mukherjee, A. &Zimmerman, A. R. 2013. Organic carbon and nutrient release from a range of laboratory - produced biochars and biochar - soil mixtures. *Geoderma*，193 - 194：122 - 130. https：//doi. org/10. 1016/j. geoderma. 2012. 10. 002.

Murrell, E. G. 2017. Can agricultural practices that mitigate or improve crop resilience to climate change also manage crop pests? *Current Opinion in Insect Science*，23：81 - 88. https：//doi. org/10. 1016/j. cois. 2017. 07. 008.

Ortiz - Monasterio R. , J. I. , Sayre, K. D. , Rajaram, S. &McMahon, M. 1997. Genetic progress in wheat yield and nitrogen use efficiency under four nitrogen rates. *Crop Science*，37（3）：898 - 904. https：//doi. org/10. 2135/cropsci1997. 0011183X003700030033x.

Pampolino, M. , Majumdar, K. , Jat, M. L. , Satyanarayana, T. , Kumar, A. , Shahi, V. B. , Gupta, N. &Singh, V. 2012. Development and Evaluation of Nutrient Expert for Wheat in South Asia. *Better Crops*，96（3）：29 - 31.

Pimentel, D. , Houser, J. , Preiss, E. , White, O. , Fang, H. , Mesnick, L. , Barsky, T. , Tariche, S. , Schreck, J. &Alpert, S. 1997. Water Resources: Agriculture, the Environment, and Society. *BioScience*，47（2）：97 - 106.

Pinto, R. S. , &Reynolds, M. P. 2015. Common genetic basis for canopy temperature depression under heat and drought stress associated with optimized root distribution in bread wheat. *Theoretical and Applied Genetics*，128：575 - 585. https：//doi. org/10. 1007/

s00122 - 015 - 2453 - 9.

Reynolds, M. P. , Pask, A. J. D. , Hoppitt, W. J. E. , Sonder, K. , Sukumaran, S. , Molero, G. , Pierre, C. et al. 2017. Strategic crossing of biomass and harvest index - source and sink - achieves genetic gains in wheat. *Euphytica*，213（article 257）. https：// doi. org/10. 1007/s10681 - 017 - 2040 - z.

Rosenzweig, C. , &Tubiello, F. N. 2007. Adaptation and mitigation strategies in agriculture： An analysis of potential synergies. *Mitigation and Adaptation Strategies for Global Change*，12：855 - 873. https：//doi. org/10. 1007/s11027 - 007 - 9103 - 8.

Rossmann, A. , Pitann, B. &Mühling, K. H. 2019. Splitting nitrogen applications improves wheat storage protein composition under low supply. *Journal of Plant Nutrition and Soil Science*，182（3）：347 - 355. https：//doi. org/10. 1002/jpln. 201800389.

Salvador, R. , Martínez - Cob, A. , Cavero, J. &Playán, E. 2011. Seasonal on - farm irrigation performance in the EBRO basin（Spain）：Crops and irrigation systems. *Agricultural Water Management*，98（4），577 - 587.

Sapkota, T. B. , Majumdar, K. , Jat, M. L. , Kumar, A. , Bishnoi, D. K. , McDonald, A. J. &Pampolino, M. 2014. Precision nutrient management in conservation agriculture based wheat production of Northwest India：Profitability，nutrient use efficiency and environmental footprint. *Field Crops Research*，155：233 - 244. https：//doi. org/10. 1016/j. fcr. 2013. 09. 001.

Sapkota, T. B. , Jat, M. L. , Aryal, J. P. , Jat, R. K. &Khatri - Chhetri, A. 2015. Climate change adaptation，greenhouse gas mitigation and economic profitability of conservation agriculture：Some examples from cereal systems of Indo - Gangetic Plains. *Journal of Integrative Agriculture*，14（8）：1524 - 1533. https：//doi. org/10. 1016/S2095 - 3119（15） 61093 - 0.

Sapkota, T. B. , Jat, R. K. , Singh, R. G. , Jat, M. L. , Stirling, C. M. , Jat, M. K. , Bijarniya, D. , Kumar, M. , Yadvinder - Singh, Y. S. , Saharawat, Y. S. &Gupta, R. K. 2017. Soil organic carbon changes after seven years of conservation agriculture in a rice - wheat system of the eastern Indo - Gangetic Plains. *Soil Use and Management*，33（1）： 81 - 89. https：//doi. org/10. 1111/sum. 12331.

Sapkota, T. B. , Vetter, S. H. , Jat, M. L. , Sirohi, S. , Shirsath, P. B. , Singh, R. , Jat, H. S. , Smith, P. , Hillier, J. , &Stirling, C. M. 2019. Costeffective opportunities for climate change mitigation in Indian agriculture. *Science of the Total Environment*，655： 1342 - 1354. https：//doi. org/10. 1016/j. scitotenv. 2018. 11. 225

Sayre, K. D. 1998. *Ensuring the Use of Sustainable Crop Management Strategies by Small Wheat Farmers in the 21st Century*. Wheat Special Report No. 48. Mexico，D. F. , CIMMYT. https：//repository. cimmyt. org/xmlui/bitstream/handle/10883/1237/67141. pdf? sequence＝1.

Shyamsundar, P. , Springer, N. P. , Tallis, H. , Polasky, S. , Jat M. L. , Sidhu, H. S. ,

Krishnapriya，P. P. et al. 2019. Fields on fifi re：Alternatives to crop residue burning in India. *Science*，365：536 – 538. https：//doi. org/10. 1126/science. aaw4085.

Sims，B. &Kienzle，J. 2015. Mechanization of Conservation Agriculture for Smallholders：Issues and Options for Sustainable Intensififi cation. *Environments*，2（2）：139 – 166. https：//doi. org/10. 3390/environments2020139.

Solh，M.，Braun，H – J. &Tadesse，W. 2014. *Save and Grow：Wheat. Paper prepared for the FAO Technical Consultation on Save and Grow：Maize，Rice and Wheat，Rome， 15 – 17 December* 2014. *Rabat*，ICARDA.

Supit，I.，van Diepen，C. A.，de Wit，A. J. W.，Kabat，P.，Baruth，B. &Ludwig， F. 2010. Recent changes in the climatic yield potential of various crops in Europe. *Agricultural Systems*，103（9）：683 – 694. https：//doi. org/10. 1016/j. agsy. 2010. 08. 009.

Tembo，B.，Mulenga，R. M.，Sichilima，S.，M'siska，K. K.，Mwale，M.，Chikoti， P. C.，Singh，P. K.，He，X.，Pedley，K. F.，Peterson，G. L.，Singh，R. P. &Braun H. J. 2020. Detection and characterization of fungus（Magnaporthe oryzae pathotype Triticum）causing wheat blast disease on rain – fed grown wheat（Triticum aestivum L.）in Zambia. *PLoS ONE*，15（9）：e0238724. https：//doi. org/10. 1371/journal. pone. 0238724.

Thierfelder，C.，Baudron，F.，Setimela，P. et al. 2018. Complementary practices supporting conservation agriculture in southern Africa. A review. *Agronomy for Sustainable Development*，38（article 16）.

Vaccari，F. P.，Baronti，S.，Lugato，E.，Genesio，L.，Castaldi，S.，Fornasier， F. &Miglietta，F. 2011. Biochar as a strategy to sequester carbon and increase yield in durum wheat. *European journal of agronomy*，34（4）：231 – 238.

Vaughan，M.，Backhouse，D. &del Ponte，E. M. 2016. Climate change impacts on the ecology of Fusarium graminearum species complex and susceptibility of wheat to Fusarium head blight：A review. *World Mycotoxin Journal*，9（5）：685 – 700. https：//doi. org/ 10. 3920/WMJ2016. 2053.

Wasson，A. P.，Richards，R. A.，Chatrath，R.，Misra，S. C.，Prasad，S. V. S.，Rebetzke，G. J.，Kirkegaard，J. A.，Christopher，J. &Watt，M. 2012. Traits and selection strategies to improve root systems and water uptake in water – limited wheat crops. *Journal of Experimental Botany*，63（9）：3485 – 3498. https：//doi. org/10. 1093/jxb/ers111.

WHEAT（CGIAR Research Program on Wheat）. n. d. WHEAT in the World. In：WHEAT [online].［Cited 18 June 2021］https：//wheat. org/wheat – in – the – world/.

Wyckhuys，K. A. G.，Lu，Y.，Morales，H.，Vazquez，L. L.，Legaspi，J. C.， Eliopoulos，P. A. &Hernandez，L. M. 2013. Current status and potential of conservation biological control for agriculture in the developing world. *Biological Control*，65（1）：152 – 167. https：//doi. org/10. 1016/j. biocontrol. 2012. 11. 010.

附　录

气候智慧型农业实践及其对可持续发展目标和
具体目标的贡献概要

H. Jacobs 和 T. Pirelli

各章概况中介绍的气候智慧型农业实践及其对可持续发展目标和具体目标的贡献概要

可持续发展目标	有助于实现可持续发展目标的气候智慧型农业措施	农作物种类	对应的具体目标
可持续发展目标1：在全世界消除一切形式的贫困	气候智慧型农业有助于恢复及保护自然资源和生态系统、防止减产和消除贫困		1
	通过提高水、肥料和燃料的利用效率，各种气候智慧型农业措施可以减少投入需求，降低成本，从而提高农民收入		1
	农业生产多样化有助于创造新的收入机会，并增强农业系统对极端天气事件和其他气候变化影响的抵御能力	小麦、玉米	1.1
	农林业创造的经济机会有助于自给农民摆脱贫困		
可持续发展目标2：消除饥饿，实现粮食安全，改善营养状况和促进可持续农业发展	害虫综合治理的成功实施可以预防可能严重损害作物并造成饥荒的虫害。害虫综合治理还可以扭转减产趋势，有助于改善地方和国家粮食安全，对于发展中国家而言尤其如此。将豇豆等豆类作物引入种植系统和日常饮食，可以增加人们营养食物的来源	水稻、小麦、玉米、咖啡、豇豆	2.1
	通过农林复合经营、间作和种植豆类作物来实现作物多样化，可以为小农户创造新的收入机会，并有助于改善他们的生计 作物和畜牧生产一体化（如种植豇豆提供营养饲料）可为小农户带来额外收益 改进农艺措施，如直接播种和土壤、养分和水源的有效管理，可以降低生产成本，提供更稳定的产量，最终有助于提高小农户的生产力和收入 产量和收入的提高直接有助于实现农业生产力和小规模粮食生产者收入翻番的目标 为避免小规模咖啡生产者的生计受到严重经济影响，使咖啡生产适应气候变化至关重要	水稻、小麦、玉米、咖啡、豇豆	2.3
	改善养分管理、防止水土流失以及种植和耕作系统的多样化有助于建立更可持续、更有韧性的粮食体系	水稻、小麦、玉米、豇豆	2.4
	在植物育种中使用地方品种和作物野生近缘种，有助于保持栽培植物的遗传多样性，并可增强农业系统的韧性	水稻、小麦、玉米、咖啡、豇豆	2.5

（续）

可持续发展目标	有助于实现可持续发展目标的气候智慧型农业措施	农作物种类	对应的具体目标
可持续发展目标3：确保健康的生活方式，促进各年龄段人群的福祉	害虫综合治理，养分、肥料和水分利用效率的提高，以及化石燃料用量的减少，可以减少空气、水和土壤污染引起的疾病，从而有益于人类健康。用其他管理办法取代焚烧稻茬（如将其用作农田土壤改良剂、牲畜饲料或生物能源原料）可以减少空气污染，有益于人类健康	水稻、小麦、玉米、咖啡、豇豆	3.9
可持续发展目标4：确保包容和公平的优质教育，让全民终身享有学习机会	通过农民田间学校对农民进行气候智慧型农业措施（如害虫综合治理）的培训，使其参与研究活动，可以帮助他们获得新的技术和职业技能	水稻、豇豆	4.4
可持续发展目标5：实现性别平等，增强所有妇女和女童的权能	性别平等的种子系统有助于让女性有平等的机会获得种子，增强妇女权能	水稻、豇豆	5.b
可持续发展目标6：为所有人提供水和环境卫生并对其进行可持续管理	改善水源管理（如在水稻种植系统中精细平整土地和调整灌溉制度，在小麦、玉米、咖啡和豇豆种植系统中采用有效的灌溉技术和管理方式）；通过保护性农业措施提高农业土壤的水分调节能力；在咖啡种植园，通过农林复合经营和覆盖耕作改善水土流失，调节水源；对咖啡果采用节水加工方法和废水处理，都有助于确保水资源的可用性和可持续管理	水稻、小麦、玉米、咖啡、豇豆	6
	增强农业土壤的水分调节能力可以使更多的人能够获得安全饮用水	玉米、豇豆	6.1
	提高养分和肥料的利用效率不仅可以降低温室气体排放，还可以减少陆地、淡水和海洋生态系统的营养盐污染，并增强生态系统服务。增强农业土壤的水分调节能力可以改善水质。咖啡果的节水加工方法和废水处理也有助于改善水质	水稻、小麦、玉米、咖啡、豇豆	6.3
	改善水源管理，增强农业土壤的水分调节能力可以提高用水效率	水稻、小麦、玉米、豇豆	6.4
可持续发展目标7：确保人人获得负担得起的、可靠和可持续的现代能源	用其他管理办法取代焚烧稻茬（如将其用作生物能源的原料）可以减少温室气体排放，并有助于提高可再生能源的比例	水稻、咖啡	7.2
	用咖啡加工废水生产沼气并将其用作生物燃料可减少甲烷排放，并提高可再生能源的比例		
	减少耕作次数，改善灌溉用水管理，可节约能源，提高农业部门的能效	豇豆	7.3

（续）

可持续发展目标	有助于实现可持续发展目标的气候智慧型农业措施	农作物种类	对应的具体目标
可持续发展目标 8：促进持久、包容和可持续经济增长，促进充分的生产性就业和人人获得体面工作	通过农林复合经营和间作使生产系统多样化，可以提高经济生产力。为了避免对咖啡出口国造成严重经济影响，使咖啡生产适应气候变化至关重要。豇豆可提供有营养的饲料，支持农作物和畜牧生产一体化，从而有助于提高经济生产力	水稻、玉米、咖啡、豇豆	8.2
	氮的有效利用和化肥用量的减少，有助于实现"改善全球消费和生产的资源使用效率"这一整体经济目标	小麦、玉米、豇豆	8.4
	加强正式和非正式种子系统之间的合作以改善种子供应链，可以创造体面的农村就业机会。豇豆可提供有营养的饲料，支持农作物和畜牧生产一体化，从而也可以创造体面的农村就业机会	水稻、豇豆	8.5
可持续发展目标 12：采用可持续的消费和生产模式	实施害虫综合治理及提高自然资源（如水、营养素）和燃料的利用效率，有助于实现化学品在整个存在周期的无害环境管理，减少其排入大气以及渗漏到水和土壤中的概率，从而最大限度地减少其对人类健康和环境的影响	水稻、小麦、玉米、咖啡、豇豆	12.4
	通过回收利用作物残茬和副产品，以替代管理方案（如生物能源生产、覆盖耕作）取代焚烧稻茬，可以减少废物产生。回收利用生物能源副产品（如生物炭、沼渣）作为土壤改良剂，可以减少废物产生，并使营养物质返回土壤，从而实现固碳并提高土壤肥力	水稻、咖啡、玉米	12.5
	咖啡果的节水加工方法和废水处理有助于促进可持续消费和生产模式的建立，特别是同时采取行动促进做出可持续消费决策和养成可持续生活方式	咖啡	12.8
可持续发展目标 13：采取紧急行动应对气候变化及其影响	保护性农业、使用改良作物品种、有效水源管理、害虫综合治理以及利用作物残茬和咖啡加工废水生产生物能源等方法，都有助于减缓气候变化及其影响	水稻、玉米、咖啡、豇豆	13.1
	有一些可用方案能使小麦生产系统支持减缓气候变化。这些方案可以提高农业生态系统的碳固存，减少温室气体排放，提高资源利用效率，防止土壤侵蚀和养分流失。可用方案包括作物生产多样化、农林复合经营、精准农业、可持续机械化和减少对化学肥料的依赖	小麦	13.2.2

163

（续）

可持续发展目标	有助于实现可持续发展目标的气候智慧型农业措施	农作物种类	对应的具体目标
可持续发展目标14：保护和可持续利用海洋和海洋资源以促进可持续发展	害虫综合治理强调尽量减少有害化学农药的使用，从而减少陆地活动对海洋的污染。提高养分和肥料的利用效率可以减少陆地、淡水和海洋生态系统中的营养盐污染，并增强生态系统服务。咖啡果的节水加工方法和废水处理有助于淡水生态系统的可持续管理	水稻、小麦、玉米、咖啡、豇豆	14.1
可持续发展目标15：保护、恢复和促进可持续利用陆地生态系统，可持续管理森林，防治荒漠化，制止和扭转土地退化，遏制生物多样性的丧失	作物生产系统的多样化，包括与其他谷物、一年生和多年生豆类作物间作，以及水稻生产与水产养殖相结合，可带来多重益处，并支持陆地生态系统的可持续管理。通过保护性农业和覆盖耕作来实施害虫综合治理、改善养分管理及防止水土流失，有助于更可持续地利用陆地生态系统。咖啡果的节水加工方法和废水处理有助于淡水生态系统的可持续管理。	小麦、玉米、咖啡、豇豆	15.1
可持续发展目标16：加强执行手段，重振可持续发展全球伙伴关系	加强正式和非正式种子系统之间的合作以改善种子供应链，可以推动建立有效的公私和民间社会伙伴关系	小麦、玉米	17.7
	利用全球定位系统支持的精准农业、采用可持续机械化和种植改良品种，有助于向发展中国家转让、传播和推广环境友好型的技术。可持续机械化对于包括间作、轮作和多种作物种植在内的水稻系统至关重要	水稻、小麦、玉米	17.7

图书在版编目（CIP）数据

农作物与气候变化影响概况：气候智慧型农业有助于建立更可持续、更有韧性和更加公平的粮食体系 / 联合国粮食及农业组织编著；高战荣等译. —北京：中国农业出版社，2023.12
（FAO中文出版计划项目丛书）
ISBN 978-7-109-31154-1

Ⅰ.①农… Ⅱ.①联… ②高… Ⅲ.①农业气象－气候变化－影响－农作物－研究 Ⅳ.①S31

中国国家版本馆CIP数据核字（2023）第184908号

著作权合同登记号：图字01－2023－4219号

农作物与气候变化影响概况
NONGZUOWU YU QIHOU BIANHUA YINGXIANG GAIKUANG

中国农业出版社出版
地址：北京市朝阳区麦子店街18号楼
邮编：100125
责任编辑：王秀田
版式设计：王　晨　　责任校对：张雯婷
印刷：北京通州皇家印刷厂
版次：2023年12月第1版
印次：2023年12月北京第1次印刷
发行：新华书店北京发行所
开本：700mm×1000mm　1/16
印张：11
字数：210千字
定价：68.00元

版权所有·侵权必究
凡购买本社图书，如有印装质量问题，我社负责调换。
服务电话：010-59195115　010-59194918